H. BOURÉE
Lieutenant de vaisseau
Aide de camp et chef du Cabinet scientifique de S. A. S. le Prince de Monaco

L'OCÉANOGRAPHIE VULGARISÉE

DE LA SURFACE AUX ABIMES

Préface de S. A. S. le Prince de Monaco

111 gravures dans le texte
Quatre planches hors texte en couleurs
(Photographies de l'auteur)

PARIS
LIBRAIRIE CH. DELAGRAVE
15, RUE SOUFFLOT, 15

De la Surface aux Abîmes

A LA MÊME LIBRAIRIE

DÉPEÇAGE D'UN CÉTACÉ A BORD DE LA *Princesse Alice*

Cliché autochrome de l'auteur

DÉPEÇAGE D'UN CÉTACÉ A BORD DE LA *Princesse Alice*

Cliché autochrome de l'auteur

H. BOURÉE
Lieutenant de vaisseau
Aide de camp et chef du Cabinet scientifique de S. A. S. le Prince de Monaco

L'OCÉANOGRAPHIE VULGARISÉE

De la Surface aux Abîmes

Préface de S. A. S. le Prince de Monaco

111 gravures dans le texte
Quatre planches hors texte en couleurs
(Photographies de l'auteur)

PARIS
LIBRAIRIE CH. DELAGRAVE
15, RUE SOUFFLOT, 15

LETTRE-PRÉFACE

En mer, le 10 septembre 1911.

Mon cher Bourée,

Après avoir vu croître pendant plusieurs années l'attirance exercée sur votre esprit par l'étude de la mer, j'exprime avec un grand plaisir l'intérêt que je porte à l'apparition de ce livre. En même temps je reconnais la valeur de votre participation à mes travaux océanographiques, de votre concours si actif dans la recherche des espèces inconnues et de la distribution verticale des êtres dans la mer. Grâce à votre esprit inventif ainsi qu'à votre science de la physique et de la mécanique, les transformations successives que la plupart de ceux-ci doivent subir à des niveaux quelquefois très différents, pour atteindre leur développement final, nous seront dévoilées.

Apprendrons-nous par la connaissance de cette évolution individuelle certains faits concernant l'évolution de l'espèce? Saurons-nous un jour si, pendant leur croissance, des êtres doivent traverser, rapidement, comme dans un rêve, les phases principales de l'évolution subie par la longue série de leurs ascendants, si chaque être porte en lui-même l'histoire schématique d'un passé prodigieux?

Quoi qu'il en soit, comme tous ceux qui veulent pénétrer le secret de la nature, vous préparez les gloires futures de la Science et vous joignez votre action au souffle qui entraîne l'élite des intelligences sur un champ où se livreront avant peu les seuls combats dignes de notre temps : ceux qui détruisent l'ignorance, l'erreur et le mensonge.

Enfin, vous avez la bonne fortune de révéler aux esprits curieux les organismes étranges dont les formes imprévues font songer aux allures tourmentées des temps géologiques, et qui vivent dans les abîmes sans horizon, pendant que des êtres privilégiés parcourent librement les espaces où le soleil répand la joie de ses rayons; tandis que la foule de nos affaires glisse bien loin au-dessus de leur monde.

Ce livre, dans lequel vous résumez l'analyse de notre tâche matérielle pour éclairer les manifestations de la vie marine, ira certainement dans beaucoup de mains en vous faisant honneur et en évoquant des conceptions justes sur la mer, sur sa philosophie, sa poésie et son rôle dans l'histoire de la Terre. Je vous félicite de n'avoir épargné aucune peine afin d'exécuter un travail exact.

Et c'est bien sincèrement que j'ajoute à cette page l'assurance de mon attachement pour un collaborateur aussi dévoué.

ALBERT, Prince de Monaco.

INTRODUCTION

Mon but, en écrivant ce livre, n'a pas été de publier un traité complet d'Océanographie; ce travail existe déjà [1] et je lui ai même fait de nombreux emprunts : il est dû à la grande compétence de mon savant ami, le Dr J. Richard, et je me fais un devoir d'y renvoyer ceux de mes lecteurs qui auraient trouvé assez d'attrait à l'étude des matières que je vais exposer pour désirer en avoir une connaissance plus approfondie. J'ai simplement voulu résumer, sous une forme accessible à tous, l'ensemble des opérations courantes qui constituent *la pratique* d'une science nouvelle.

J'ai donc passé sous silence un certain nombre d'instruments qui n'ont plus qu'un intérêt historique ou qui sont destinés à des recherches très spéciales, sur le détail desquelles je n'aurais pu insister sans sortir du cadre de cet ouvrage.

La première partie est consacrée à l'Océanographie physique. J'y parle des procédés les plus employés pour résoudre maints problèmes dont je donne les résultats dans leurs grandes lignes. Dans la seconde partie, je décris la série des engins qui sont d'un usage habituel pour capturer des êtres qui vivent à toutes les profondeurs. Leurs espèces sont en si grand nombre et de genres si différents que je n'ai pu entreprendre de faire un résumé méthodique, même très succinct, des principales observations biologiques déjà recueillies; ceci m'aurait entraîné trop loin et je me

1. *L'Océanographie*, par J. Richard.

suis borné à donner la description de quelques animaux curieux pris avec chaque appareil[1].

Ce volume, tout en étant très élémentaire, sera assez précis, je l'espère, pour donner une conception suffisante de l'Océanographie et des principaux travaux que cette science comporte. Je suis en droit de dire que j'ai puisé mes renseignements à bonne source, puisque je me suis inspiré du labeur quotidien auquel j'ai pris part, depuis plusieurs années, à bord du yacht de S. A. S. le Prince de Monaco.

J'ai en somme voulu faire œuvre de vulgarisation. Toutefois, certains explorateurs auraient peut-être intérêt à parcourir ces pages dans la période de préparation de leurs expéditions ; les nombreux renseignements pratiques qu'elles contiennent sur les appareils et sur la façon de les manœuvrer, sont de nature à éviter des hésitations et des tâtonnements dans le choix du matériel à embarquer.

1. Ces matières sont traitées d'une façon très intéressante dans le volume : *La vie dans les océans*, par le Dr L. Joubin.

PREMIÈRE PARTIE

L'OCÉANOGRAPHIE PHYSIQUE

LA PROFONDEUR

La connaissance de la profondeur est une des premières qu'il faut acquérir lorsqu'on entreprend l'étude de la mer ; c'est d'ailleurs un renseignement d'une importance capitale pour la plupart des opérations océanographiques qu'on effectuera par la suite.

Jusqu'à la moitié du siècle dernier, les seules profondeurs mesurées étaient celles trouvées au voisinage des côtes pour l'établissement des cartes marines. L'instrument employé naguère pour chercher le fond n'était autre que la sonde dont on se sert encore de nos jours pour les usages courants de la navigation : un simple plomb en forme de cône ou de pyramide, attaché à une corde, graduée de mètre en mètre par des lanières de cuir.

Les plombs de sonde ordinaires pèsent de 2 à 5 kilogr. Leur base est munie d'un évidement qu'on garnit de suif auquel des échantillons du sol restent adhérents, et les indications ainsi obtenues montrent aux marins si l'endroit est propice pour jeter l'ancre.

Dans les profondeurs dépassant 200 mètres, on a eu recours à des plombs plus forts (20 à 40 kilogr.) fixés en conséquence à une corde beaucoup plus grosse.

Cette *grande sonde* a été longtemps l'instrument réglementaire de la marine, mais son emploi conduit à des résultats souvent erronés, car à partir d'une certaine profondeur, le poids du plomb devient négligeable par rapport à celui de la ligne filée; aussi, les quelques grands fonds marqués sur les anciennes cartes sont-ils extrêmement sujets à caution.

Mais le besoin crée l'organe : le moment vint où il parut possible d'immerger des câbles télégraphiques, et dès lors la connaissance exacte du fond et de sa nature furent des renseignements d'une importance primordiale qu'il fallut à tout prix se procurer.

Sondeur de Brooke. — C'est à un jeune officier de la marine américaine, le lieutenant Brooke, que l'on doit d'avoir imaginé (en 1854) un appareil des plus ingénieux que l'on peut considérer comme le prototype du genre.

A l'extrémité de la ligne de sonde était attachée une tige en fer creusée dans sa partie inférieure en un tube de quelques centimètres de hauteur. Le lest était un boulet dont cette tige constituait l'axe. On peut se faire une idée de cet instrument si simple en le comparant à un porteplume qui traverserait une orange. Brooke avait ainsi à sa disposition un poids important dont la descente était rapide et qui permettait d'apprécier avec précision le contact sur le fond. L'appareil était conçu de telle façon que par suite du *mou* pris par la corde à ce moment, un déclic se produisait dans le système de suspension du boulet qui se trouvait alors libéré. Il n'y avait donc plus qu'un effort très peu considérable à produire pour ramener à la surface la tige creuse d'un poids insignifiant; et comme celle-ci s'était enfoncée dans le sol, elle ramenait un échantillon qui en fixait la nature.

Par la suite, ce sondeur fut perfectionné ou modifié, et ses succédanés sont très nombreux. Il serait trop long de les citer tous, et je vais seulement décrire deux des instruments les plus employés par le Prince de Monaco au cours de ses croisières scientifiques.

Sondeur Buchanan. — Cet instrument est composé de deux tubes A et B raccordés l'un à l'autre par une partie filetée. A la partie inférieure du tube A, se trouve un clapet qui peut s'ouvrir sous un très faible effort, mais de bas en haut seulement. Trois ou quatre cylindres de fonte, percés en leur centre, et disposés comme l'indique la figure n° 1, constituent un lest de 75 à 100 kilogr. environ. Ces poids sont retenus par une bretelle en fil de fer F qui s'engage dans une échancrure de forme spéciale, aménagée dans une palette P située à l'extrémité supérieure du tube et à laquelle est fixée la ligne de sonde. On conçoit que pendant la descente de ce système, l'eau court librement à travers les tubes A et B grâce à la sensibilité du petit clapet inférieur qui se soulève très facilement. Quand la sonde touche le fond, le tube B s'enfonce dans la vase; la ligne prend alors du *mou* et sous l'effort du poids, la palette P bascule. La forme de l'encoche est telle que la bretelle ne s'échappe du croc *a* que pour tomber dans le croc *b* et les poids retenus encore continuent à enfoncer le tube dans le sol.

Lorsque l'on remonte l'appareil, la ligne se tend à nouveau : la palette P reprend la position verticale et il est facile de se rendre compte par l'examen de la figure que la bretelle s'échappe alors définitivement de l'échancrure *b*, ce qui provoque la libération des poids.

On remarquera à la partie inférieure de la pièce P une troisième échancrure *c* dans laquelle est accroché un petit fil de fer maintenant une masselotte de plomb S.

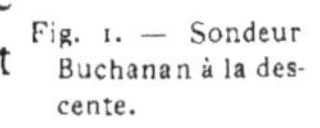

Fig. 1. — Sondeur Buchanan à la descente.

Lorsque P bascule, S tombe et vient obturer la partie supérieure du tube A.

Dès lors, B est rempli de vase ou d'argile, etc... suivant la nature du fond et A se trouve fermé à ses deux extrémités par ses soupapes après avoir capté un échantillon d'eau de mer à la profondeur maxima atteinte.

Lorsque l'ensemble P A B est remonté à bord, on dévisse le tube B dans lequel on introduit un petit refouloir en bois qui fait sortir un boudin de vase, atteignant jusqu'à 40 centimètres de longueur et donnant des renseignements très exacts sur la nature des stratifications du fond.

On transvase ensuite le contenu du tube A dans un flacon au moyen

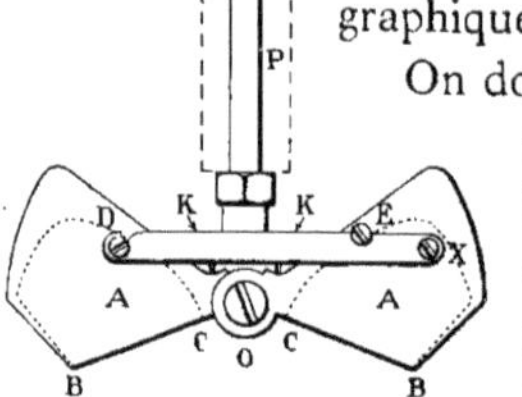

Fig. 2. — Sondeur Léger, ouvert à la descente.

d'un petit robinet placé près de la soupape inférieure, ce qui fournit un échantillon d'environ un litre d'eau de mer.

Cet appareil si ingénieux a été employé par son inventeur, M. Buchanan, au cours de la mémorable expédition océanographique du *Challenger*.

On doit certes le considérer comme un des plus parfaits qui existent; mais il ne saurait fournir des indications sur la nature du fond quand celui-ci est constitué par du sable, des petits cailloux, etc... qu'un tube ouvert ne pourrait pas retenir. Il faut donc, pour ces cas spéciaux, avoir à sa disposition un instrument capable d'emprisonner pendant la montée les matériaux captés sur le sol. Tel est le cas du sondeur Léger.

Sondeur Léger. — C'est un perfectionnement du type des sondeurs dits *à cuillers* employés à bord du *Bull-Dog* en 1860 pour étudier la nature du fond avant l'immersion d'un câble télégraphique. Les figures 2 et 3 en montrent le principe et le fonctionnement. Une tige T lestée d'un poids P porte articulée en O deux lourdes boîtes en bronze A maintenues écartées par une barre XED.

Celle-ci peut pivoter autour de X et être accrochée en D.

En rencontrant le sol, les boîtes AA s'y enfoncent, grâce aux poids installés sur la tige et dans ce mouvement les deux boîtes oscillent encore légèrement vers le haut.

Ceci produit un déplacement du bouton D qui libère la barre d'écartement. Il en résulte qu'à la remontée, les deux boîtes A se rapprochent par leur propre poids en enfermant automatiquement les matériaux qui y sont entrés.

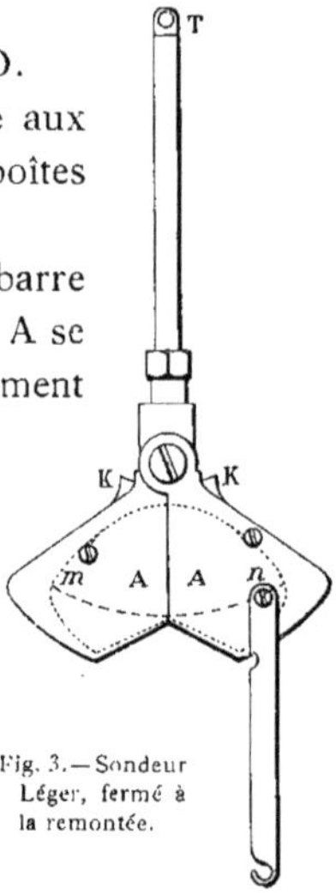

Fig. 3. — Sondeur Léger, fermé à la remontée.

Machines à sonder. — Nous voilà déjà bien loin de l'antique plomb de sonde que l'on remontait à la main d'une faible profondeur!

Les bras ne peuvent plus suffire maintenant et il faut avoir recours à une machine pour descendre et remonter les appareils. Les lignes en chanvre, elles aussi, sont abandonnées comme trop encombrantes et dans certains cas, comme sur la machine de Sigsbee qui a été fort employée dans la récente expédition de la *Valdivia*, on s'est servi d'un simple fil d'acier d'un diamètre de 9/10e de millimètre seulement.

Il existe actuellement divers types de machines à sonder, mues par des moteurs à vapeur ou électriques et qui sont presque toutes basées sur les principes suivants.

Le fil est enroulé sur une bobine qui est rendue folle pendant la descente du poids. Sur le passage de ce fil se trouve une roue mise en mouvement par lui et reliée à un compteur indiquant la longueur dévidée. Enfin, un système de freinage automatique agit sur la bobine quand la sonde atteint le fond.

Ces machines, qui ont rendu les plus grands services, présentent quelques inconvénients sérieux, lorsqu'il s'agit de travailler par de grandes profondeurs. Le simple fil d'acier, suffisant pour les sondages, ne permet pas d'envoyer avec une complète sécurité toute une série d'instruments pesants ou de l'employer à d'autres expériences nécessitant un effort assez considérable.

D'autre part, la bobine qui sert de treuil à la montée supporte des pressions colossales qu'on peut imaginer aisément en observant que le fil fait plusieurs milliers de tours sur le noyau et que sous l'influence de la traction chaque tour est enroulé avec une tension de 40 à 50 kilogr. au minimum.

On demande donc à cette bobine de supporter des pressions qui peuvent varier entre cent et deux cents tonnes, et si solidement qu'elle soit construite, il arrive encore assez fréquemment de voir son noyau éclater.

C'est après avoir réfléchi à ces divers inconvénients, que le Prince de Monaco a fait établir une machine à sonder dont je donne ci-après le dernier modèle et qui me paraît répondre à tous les desiderata que l'on peut formuler.

Machine à sonder du Prince de Monaco. — Cette machine, construite par M. Leblanc (fig. 4), est destinée à sonder avec un câble en acier composé de neuf petits brins métalliques. Les deux ou trois premiers mille mètres de ce câble sont du diamètre de 2m/m6; les suivants sont de 3m/m6. Cet accroissement est rendu nécessaire par le poids même du câble déroulé, à partir d'une certaine profondeur. Les efforts supportés par la ligne de sonde peuvent atteindre 350 kilogr., ce qui permet d'envoyer une quantité d'instruments sans risquer de rupture, et sans obliger à lâcher les plombs par des fonds inférieurs à 3.500 mètres.

Le mécanisme est mû par un moteur à vapeur à deux cylindres oscillants C, C'. A gauche de la figure se trouve un tambour T que l'on peut rendre solidaire du mouvement du treuil proprement dit, en serrant la molette M; mais cette solidarité n'est obtenue que par un frottement rendu plus ou moins énergique suivant le nombre de tours donnés à M.

Le câble passe par la poulie P, et de là, va faire plusieurs tours sur la poupée du treuil proprement dit E; il s'appuie ensuite sur une poulie K et remonte pour frotter sur la roue de commande du compteur L. Enfin, par des retours appropriés, la ligne va à la poulie du bossoir, qui se trouve au-dessus de la plate-forme de sondage.

Pour sonder, il faut débrayer des engrenages de l'arbre moteur le treuil E, en manœuvrant à cet effet un petit « baladeur » *ad hoc;* et le câble file. S'il est nécessaire de réduire la vitesse, on agit sur la roue R, qui serre le frein à latte F. Ce frein est également commandé par les ressorts à boudin B, qui sont maintenus comprimés à cause de l'effort exercé de bas en haut par suite de la tension du fil sur la roue K.

Quand le plomb de sonde arrive sur le fond, sans qu'on s'y attende, le câble n'exerçant plus d'effort sur la roue K, les ressorts B se détendent et, dans ce mouvement, agissent sur la latte F en freinant énergiquement. Tout déroulement superflu et nuisible est ainsi évité. Les ressorts B jouent également le rôle précieux de régulateurs des efforts et d'amortisseurs de chocs. En R', on voit une roue de manœuvre commandant un deuxième frein de secours pour bloquer la bobine, si cela devenait nécessaire.

Pour remonter, on met le moteur en marche après embrayage de la poupée E. La ligne de sonde rentre à bord; et, comme la bobine T est solidaire de l'axe du treuil E, elle tourne aussi et le câble s'y emmagasine. Toutefois, ainsi qu'il est facile de le comprendre, le noyau de T augmente sans cesse, aussi sa vitesse axiale ne saurait rester la même que celle de E, car on arriverait infailliblement à une rupture du câble; mais, comme on l'a vu, la molette M commande une friction réglable à volonté : il en résulte donc que T patine sur son axe dès que la tension devient trop grande. L'enroulement se fait par conséquent sous un effort constant : on le régularise en dirigeant le fil au moyen d'une sorte de fourchette S, qu'on promène à la main.

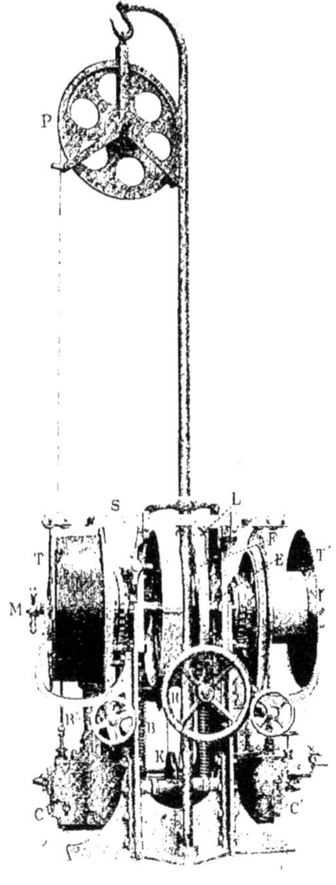

Fig. 4. — Machine à sonder de l'*Hirondelle*.

Un dynamomètre, fixé sur le bâtis de la machine, permet de se rendre compte des efforts supportés par le câble à chaque instant.

Dans le dernier appareil commandé pour l'*Hirondelle* par le Prince de Monaco, on a ajouté un deuxième tambour T' (montré à droite de la figure) et qui travaille exactement à la façon du tambour T. Il est destiné à recevoir un fil de peu de valeur, qu'on leste avec un poids quelconque. En principe, on le coupe ou il casse même tout seul, à cause de sa faible résistance, quand on a rencontré le fond. Ce dispositif permet de faire des sondages rapides « à fil perdu », dans les cas où l'on n'a pas d'intérêt à étudier la nature du fond, ou bien lorsqu'on veut vérifier la profondeur dans des régions où elle a pu sensiblement varier pendant une opération en cours.

Pratique de l'opération du sondage. — Le Prince de Monaco a fait installer sur ses différents navires et en face de la machine à sonder, une plate-forme qui peut se rabattre à volonté ; une ouverture placée au centre laisse passer le câble de sondage qui est amené à son aplomb par un bossoir spécial muni d'un « rattrapeur » dont j'expliquerai le rôle plus loin. Le câble employé est métallique ainsi qu'on l'a vu précédemment, mais il est terminé à son extrémité par une ligne en chanvre de quelques mètres de longueur à laquelle se fixent les appareils.

Lorsque les aides ont tout disposé sur la plateforme, l'officier chargé de la manœuvre fait le nécessaire pour maintenir le navire autant que possible dans la position voulue. Par un temps très calme, il n'y aura qu'à stopper; mais dans le cas le plus général, où il y a de la brise ou des courants, il faudra mettre le bâtiment à peu près vent debout ou vent arrière et se servir constamment des machines et du gouvernail, de façon à contre-balancer les forces qui tendraient à le déplacer.

Lorsque l'immobilité par rapport au fond paraît obtenue, on *envoie* la sonde et le mécanicien laisse filer le plomb, à une vitesse de 100 à 120 mètres par minute environ.

Dès que le câble paraît avoir une tendance à prendre la moindre inclinaison, on y obvie par une manœuvre appropriée, sans quoi l'opération donnerait un résultat forcément erroné.

On doit surtout éviter de *tomber sur son câble*, car lorsque le navire a dérivé par-dessus, il faut une très longue manœuvre pour le dégager et on risque toujours de le casser.

Un sondage par 5.000 mètres de fond nécessite un travail approximatif de deux heures entre le moment où les poids descendent et celui où le tube rentre à bord. Encore faut-il qu'il n'y ait eu aucun incident fâcheux, et cette durée est bien souvent dépassée si d'autres expériences sont faites en même temps que le sondage : c'est dire qu'il n'est pas rare de voir l'officier chargé de cette besogne passer deux ou trois heures à observer le câble, en manœuvrant sans cesse pour ne pas manquer l'opération. Lorsque les plombs arrivent au terme de leur course, le frein automatique doit agir; mais, dans les grandes profondeurs, les poids s'enfonçant mollement dans la vase, il ne faut pas se fier complètement à son fonctionnement, car une assez grande quantité de câble pourrait encore filer avant que le freinage ne devienne effectif. Le mécanicien doit donc être assez expérimenté pour *sentir*, à la façon dont se comporte la machine, quand il *touche le fond*; à ce moment, il freine énergiquement à la main. Quand l'ordre lui est donné de remonter les appareils immergés, il met le moteur en marche; et là encore son expérience personnelle sera d'un précieux secours, surtout si la mer est suffisamment agitée pour faire rouler le bâtiment. Par de très forts roulis, la tension du câble peut approcher de sa limite de rupture et il faut, à chaque oscillation dangereuse, diminuer la vitesse du moteur ou même quelquefois le stopper complètement.

(Cliché Richard.)

Fig. 5. - La machine à sonder pendant une opération.

J'ai dit plus haut qu'on devait éviter de filer plus de ligne qu'il n'est nécessaire : c'est qu'en effet, si le câble métallique touche le sol, il risque de s'y enrouler de façon irrégulière, et lorsque l'effort de remonter se fera, il se produira des *coques*, c'est-à-dire des endroits où le câble sera raidi sur une demi-boucle qu'il aura formée sur lui-même; ceci crée des points faibles où la ligne de sonde cassera presque sûrement à un moment quelconque de la remontée des instruments.

L'expérience ayant démontré que souvent cet accident ne se produisait qu'à l'instant où la *coque* arrivait à la machine à sonder, on a eu l'idée d'installer le *rattrapeur* mentionné précédemment et dont voici le principe.

A sa sortie de la potence de sondage, le câble passe dans une boite contenant deux mâchoires en bois de gaïac qui sont maintenues écartées par le fait même de la tension de la ligne. Dès lors, si une rupture vient à se produire à la hauteur de la machine à sonder, la tension n'existant plus, les deux mâchoires se rapprochent rapidement en déterminant un coinçage très énergique[1].

Si je me suis étendu autant sur ces opérations de sondage, c'est pour montrer comment des problèmes en apparence très simples sont au contraire compliqués et ne peuvent être résolus qu'au prix d'une grande patience et d'un sérieux labeur.

Petites machines à sonder. — A côté des appareils puissants comme celui que je viens de décrire, il existe plusieurs types de petites machines susceptibles de rendre de très grands services lorsqu'on ne dispose pas d'un navire permettant de faire des installations aussi importantes. — La machine à sonder du professeur A. BERGET, de l'Institut Océanographique de Paris, que je cite à titre d'exemple (fig. 6), répond aux besoins des opérations de sondage jusqu'à la profondeur de 2.000 mètres, tout en étant assez portative pour être mise à bord d'une embarcation.

Elle se compose essentiellement d'un tambour T portant le fil; ce tambour est mobile entre deux flasques de fonte FF'. L'arbre du treuil déborde d'une des plaques et porte une roue à rochet R, destinée à empêcher le retour en arrière quand on remonte le fil à l'aide d'une manivelle que l'on peut emmancher sur l'extrémité de cet l'arbre.

Le fil, à sa sortie du tambour, fait un tour entier sur une poulie métrique P, dont la circonférence est exactement de 25 centimètres. Cette poulie est fixée à l'extrémité d'un balancier B, dont l'autre extrémité est tirée vers le bas par deux ressorts de rappel *r r'*.

Quand le plomb de sonde, du poids de 10 kilogr., est fixé au fil, on soulève le rochet qui dégage le tambour, et le fil se déroule sous l'action du poids; ce poids fait également fléchir les ressorts *r* et *r'* et le balancier s'abaisse. Pendant ce mouvement d'abaissement, l'arbre de la poulie

1. Le *rattrapeur* est visible dans le haut de la fig. 35, qui montre les derniers passages du câble.

métrique P s'engrène avec le compteur C, grâce à un engrenage conique E que la bascule du balancier met en prise automatiquement par l'intermédiaire du ressort *m*.

Mais dès que la sonde touche le fond, le balancier se trouve subitement délesté du poids de cette sonde (10 kilogr.) et du poids du fil déroulé (5 kilogr. par kilomètre) : aussitôt les ressorts de rappel *r* et *r'* relèvent le balancier et dans ce relèvement, le compteur est débrayé automatiquement par le *doigt* D qui en écarte l'engrenage E; les tours cessent donc d'être enregistrés et il n'y a plus d'erreur possible. En même temps, le balancier, en s'abaissant, pèse sur un frein *f*, en forme de coin, qui est ainsi serré entre l'axe du tambour et un butoir fixé au treuil, et bloque celui-ci. On peut alors remonter le fil en toute tranquillité.

Le fil est un câble d'acier à 18 brins; son diamètre est d'un millimètre et il pèse 5 kilogr. par 1.000 mètres. Pour faire le sondage on n'a qu'à diviser par 4 les indications du compteur; celui-ci enregistre, en effet, le nombre de tours de la poulie métrique de 25 cent. de circonférence et 4 tours de cette poulie font un mètre.

Fig. 6. — Petite machine à sonder du professeur A. Berget. (Poids total de l'appareil : 20 kilogrammes.)

Nature du sol sous-marin. — Les nombreux échantillons recueillis soit par des sondages, soit par des dragages, ont établi, comme il fallait s'y attendre, une grande variété dans la nature des fonds de la mer.

Leur étude approfondie dépasse de beaucoup le cadre de cet ouvrage, je dois donc me borner à en dire quelque mots :

Dans l'Océan Indien et dans le Pacifique, on trouve principalement de l'*argile rouge* formée par divers sédiments dont la coloration est due à la présence du peroxyde de fer.

Le long de la côte nord-est de l'Amérique du Sud on trouve des *vases rouges* encore, par suite de la présence du même sel.

Sur la côte ouest des États-Unis, il y a des *vases vertes,* à cause de la proportion de silicate de fer qu'elles contiennent.

Selon les endroits, on trouve des vases et des sables *coralliens*. Ailleurs on rencontre le *régime volcanique*.

D'autres fonds sont plus intéressants encore à étudier : ce sont ceux qui sont constitués par des formations chimiques. On peut donc dire, d'une façon familière, que le sol sous-marin se compose d'un peu de tout.

Au point de vue chimique, je mentionnerai seulement l'importance capitale du rôle joué par le carbonate de chaux dissous dans l'eau de mer; cette substance est nécessaire à l'existence de nombreuses espèces qui y trouvent les éléments de leur carapace.

D'autres vases, très nombreuses, sont jonchées de débris de crustacés et deviennent ainsi de nouvelles réserves de carbonate de chaux, qui servent de matière première à la constitution d'espèces souvent minuscules qu'à priori on pourrait confondre avec des grains de sable, et qui n'en sont pas moins des êtres parfaitement définis tels que les *globigérines*, les *radiolaires*, etc...

Carte bathymétrique. — Si j'ai réussi à donner une idée de l'intérêt que présente l'étude des profondeurs (de la *bathymétrie* pour employer le terme actuellement adopté), on concevra aisément tout le prix que les savants attachaient depuis longtemps à posséder une carte *bathymétrique* générale et détaillée des océans. Aussi, au cours de plusieurs congrès, ils émirent le vœu d'en voir établir une importante à l'échelle du dix millionième.

Il existait bien déjà des cartes à petit point dues à des spécialistes distingués, mais l'édition d'une carte du monde entier au dix millionième (soit 24 feuilles de 1 mètre sur $0^m,59$ chacune), l'obligation de compulser un très grand nombre de documents et celle non moins importante de les tenir à jour au moyen d'un bureau permanent, entraînaient des frais considérables qui auraient réduit les désirs du monde savant à des manifestations toutes platoniques, si le Prince Albert de Monaco n'avait eu la générosité de prendre toute cette entreprise à sa charge.

Par ses ordres, et sous la direction de M. Charles Sauerwein, enseigne de vaisseau, une première édition de cette carte paraissait en 1905. Une deuxième édition est maintenant à l'étude, et par suite des résolutions prises dans une commission scientifique tenue en avril 1910 à Monaco, cette deuxième carte des océans donnera également les reliefs des continents qu'il sera intéressant de comparer aux profondeurs de la mer.

Ce travail a été confié à M. H. Bourée, lieutenant de vaisseau, qui est chargé également de publier tous les deux ans un catalogue de sondages formant un répertoire complet de tous les renseignements recueillis dans le monde entier.

TEMPÉRATURE ET COMPOSITION DE L'EAU DE MER AUX DIVERSES PROFONDEURS

Thermomètres. — Nous sommes maintenant édifiés sur la façon de sonder les mers jusqu'aux grandes profondeurs de 9.000 mètres trouvés dans l'Océan Pacifique, mais quelle est la température qui règne au delà de la zone de 200 mètres environ, où les rayons solaires ne pénètrent presque plus ? Et quelle est la composition de cette eau, soumise à des pressions formidables ?

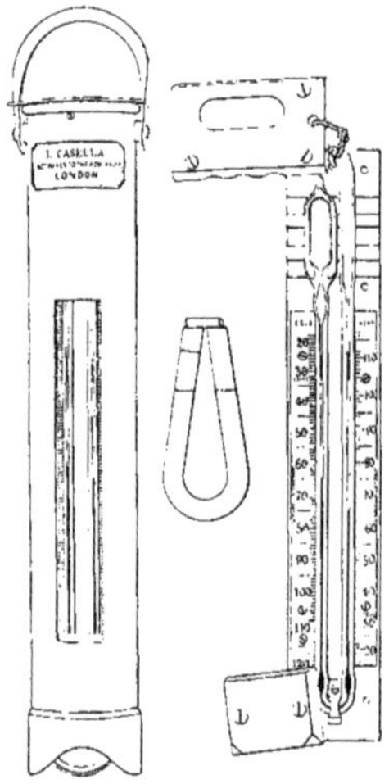

L'immersion d'un thermomètre s'impose pour résoudre la première de ces questions, mais ils nous faudra un instrument particulièrement résistant afin qu'il ne soit pas écrasé.

Un des premiers employés fut celui construit par MILLER et CASELLA (fig. 7). Il était basé sur le principe connu des thermomètres à maxima et à minima employés encore couramment dans les jardins.

Fig. 7. — Thermomètre à maxima et minima de Casella. A droite l'instrument, au centre l'aimant servant à ramener les index, à gauche l'enveloppe protectrice en laiton.

La colonne de mercure pousse des index métalliques jusqu'au point des températures extrêmes. Quand le mercure se retire, l'index reste retenu par son frottement, ce qui permettra de lire ultérieurement les renseignements désirés. A chaque nouvelle expérience, on peut, à l'aide d'un aimant, entraîner les index et les remettre en contact avec le mercure.

Ce système rudimentaire ne fournissait que des chiffres d'une exac-

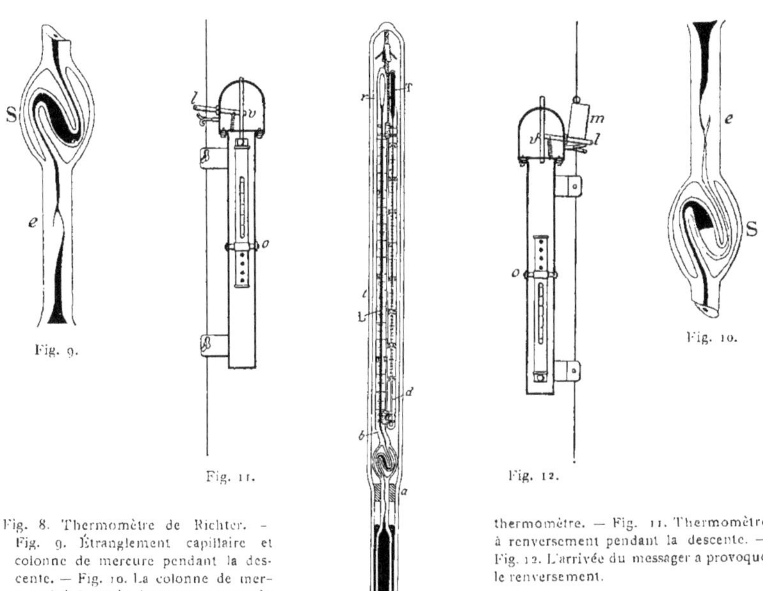

Fig. 8. Thermomètre de Richter. — Fig. 9. Étranglement capillaire et colonne de mercure pendant la descente. — Fig. 10. La colonne de mercure brisée après le renversement du thermomètre. — Fig. 11. Thermomètre à renversement pendant la descente. — Fig. 12. L'arrivée du messager a provoqué le renversement.

titude très relative, puisque les index, maintenus seulement par leur frottement contre les parois du tube, pouvaient être déplacés du fait des vibrations du câble lors de la remontée.

Le thermomètre absolument parfait que l'on possède maintenant est celui de Richter (fig. 8).

Pendant la descente, la colonne de mercure se dilate ou se contracte comme dans un thermomètre ordinaire, et l'enregistrement du degré minima est obtenu grâce à un dispositif spécial décrit plus loin qui provoque le *renversement* de l'instrument lorsqu'il a atteint la profondeur voulue.

Les deux figures de détail (fig. 9 et 10) montrent que ce renversement produit la rupture de la colonne de mercure au point où se trouve un étranglement capillaire. La quantité de liquide qui est restée au-dessus de cet étranglement coule alors dans le véritable thermomètre constitué par le tube *t* et remplit le réservoir *r*.

Comme on le voit, après le retournement les chiffres sont dans la position normale pour être lus, mais ils ne donnent évidemment pas avec exactitude la température du fond, car le mercure, en arrivant à la surface, se dilate plus ou moins suivant la température du milieu dans lequel se trouvent les opérateurs.

Cette dernière est marquée par un deuxième thermomètre ordinaire T qui fait aussi partie de l'instrument.

Une table de correction basée sur l'écart des nombres lus sur les deux colonnes, permet, en fin de compte, de connaître la température cherchée avec une approximation qui va au centième de degré.

Voici maintenant comment le renversement est obtenu.

Le thermomètre est descendu dans une monture spéciale et fixé dans une gaine qui est elle-même articulée autour d'un axe (fig. 11). La prépondérance des poids est établie de telle sorte que l'instrument tendrait toujours à basculer autour de *o* s'il n'en était empêché par le verrou vertical *v*.

Du bord, les opérateurs envoient en temps opportun le *messager m*, petite masselotte en bronze qui glisse le long du câble et qui, en fin de course, vient frapper le levier *l*. Le verrou *v* est alors relevé et la gaine du thermomètre bascule (fig. 12).

La descente du *messager* n'est pas très rapide, à cause de la résistance de l'eau et de celle produite par son frottement sur le câble.

Il faut donc faire attention à ne pas effectuer la remontée des appareils avant qu'il ne soit arrivé.

On compte six minutes pour le parcours d'un kilomètre, ce qui, par des fonds de 5.000 mètres, représente déjà une demi-heure d'attente.

Bouteilles à eau. — En même temps que l'on enregistre la température, on doit chercher à connaître la composition de l'eau à la profondeur atteinte par les instruments.

De nombreuses *bouteilles à eau* ont été inventées dans ce but. Il en est même de fort compliquées et de très volumineuses. D'autres encore ont été munies de parois isolantes pour ramener le liquide à la surface en lui conservant la température de la zone dans laquelle il a été capté.

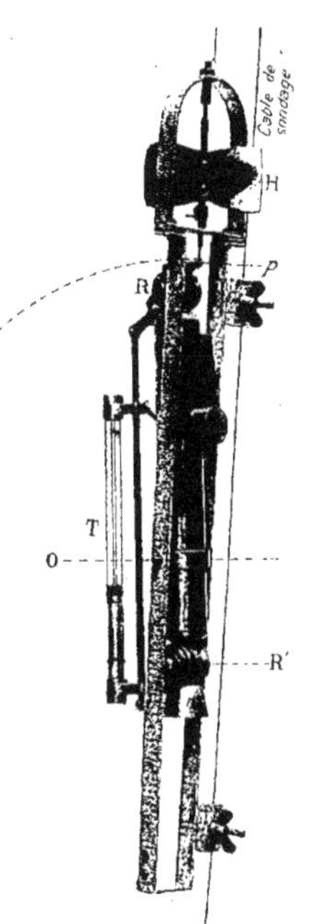

Fig. 13. — Bouteille Richard à la descente.

Le dispositif le plus simple est celui imaginé par le Dr Richard, qui accole un thermomètre à un tube formant bouteille et dans lequel l'eau circule librement pendant la descente, car les robinets RR' situés aux extrémités, et reliés entre eux par la bielle portant le thermomètre, sont ouverts pendant cette partie de l'opération (fig. 13).

Le système est équilibré de telle sorte qu'il doit basculer autour de l'axe O, mais il en est empêché par la pointe *p* qui immobilise la bouteille.

Cette pointe est elle-même solidaire d'une hélice H dont l'axe est fileté. Le pas de H est établi de telle façon qu'à la descente les filets d'eau agissent pour provoquer une rotation qui tende à visser et par suite à caler *p*.

Par contre, lorsqu'on est arrivé à la profondeur voulue et qu'on relève l'instrument, l'hélice tourne en sens inverse et dévisse *p* qui remonte en cessant de bloquer le système : tout pivote alors pour prendre la position de la figure 14.

En ce qui concerne le thermomètre, le renversement a produit l'enregistrement de la température comme je l'ai déjà expliqué plus haut; mais en même temps, et ainsi qu'il est facile de le voir, la bielle a agi sur les robinets RR' qui se sont fermés en emprisonnant l'échantillon d'eau cherché.

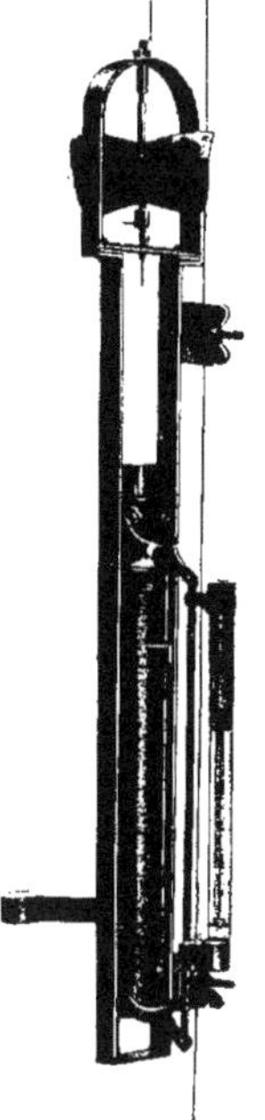

Fig. 14. — Bouteille Richard remontant.

La bouteille Richard peut également être commandée par un *messager* si on le désire, mais l'opération est alors beaucoup plus longue, à cause du temps que prend la petite masse en bronze pour effectuer son parcours.

Le dispositif à hélice est surtout précieux lorsqu'on se propose d'étudier simultanément les températures et la composition de l'eau en divers points de la même verticale.

Rien n'empêche de placer un instrument tous les 500 mètres sur le câble, et le renversement se produira simultanément pour tous les appareils dès que la montée aura commencé.

La courbe de la figure 16 a été ainsi obtenue aux environs des Açores entre la surface et un fond de 5.422 mètres.

On y remarque le rapide abaissement de la température dès que l'on a dépassé la tranche de 150 à 200 mètres, soumise à l'action des radiations solaires.

Dans les couches inférieures, les variations deviennent très faibles et se maintiennent entre 2 et 3 degrés, avec une légère élévation lorsque l'on s'approche du fond.

Fig. 15. — Quelques bouteilles Richard dont on va se servir simultanément en série verticale.

Dans les régions polaires (fig. 17) on constate souvent un minimum de température (un ou deux degrés sous zéro) à la surface, puis un certain réchauffement jusqu'à la profondeur de 300 mètres. Ensuite la décroissance de chaleur est sensiblement continue, sans cependant atteindre le minimum observé dans les couches supérieures.

Ces exemples de la distribution de la température en deux points de l'Océan montrent déjà que si, d'une façon générale et en dehors des perturbations de la surface, la chaleur décroît avec la profondeur, il ne faut pas en déduire qu'à une zone égale correspond une température égale; autrement dit : les courbes *isobathes* ne se confondent pas avec les courbes *isothermes*. C'est là un point qu'il est important de noter.

Dans la Méditerranée, qui par le fait de sa conformation ne subit pas l'influence des grands courants des océans, la température est sensiblement constante au-dessous de 3 à 400 mètres, quelle que soit la profondeur atteinte. Dans l'est elle est de 13°, 5 et dans l'ouest de 12°, 8 environ.

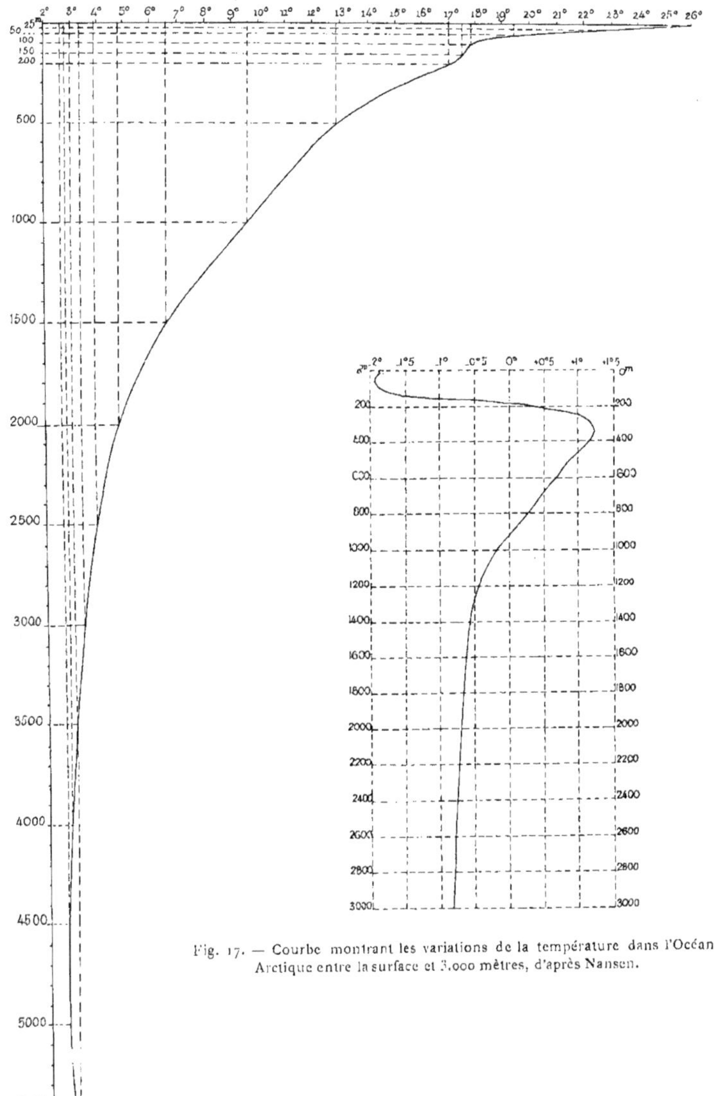

Fig. 17. — Courbe montrant les variations de la température dans l'Océan Arctique entre la surface et 3.000 mètres, d'après Nansen.

Fig. 16. — Courbe indiquant les variations de la température entre la surface et 5.422 mètres, dans les parages des Açores.

Composition de l'eau de mer. — L'étude méthodique des échantillons recueillis a permis de connaître la composition de l'eau de mer dans laquelle il y a en majeure partie du chlorure de sodium, puis en quantité moindre, du chlorure de magnésium et du sulfate de magnésie.

Selon les milieux, les matières organiques en dissolution y sont plus ou moins abondantes; on y trouve également divers sels, ainsi que la plupart des corps simples, mais ceux-ci en quantités moins appréciables, et qu'une analyse assez minutieuse permet seule de révéler. Tels sont entre autres : le cuivre, le nickel, le zinc, le plomb, et jusqu'à l'or qu'on a même un instant pensé à exploiter.

La mesure qu'il importe le plus d'effectuer, au point de vue physique, est celle de la *salinité* que l'on arrive à déterminer sans peine au moyen de procédés de laboratoire usuels; on en déduit ensuite facilement la valeur de la densité de chaque échantillon d'eau de mer prélevé.

CIRCULATION DES EAUX

Généralités sur les courants. — La connaissance des températures et des densités prises en des points différents de la mer au moyen de *séries verticales,* donne des renseignements qui permettent de déduire quels sont les mouvements que doit prendre la masse liquide qui s'écoulera forcément des zones denses vers les zones plus légères.

Il existe aussi un certain nombre de *mesureurs de courants* qui, immergés dans des conditions convenables, enregistrent directement la force et la direction des courants sous-marins. Mais l'exactitude des résultats obtenus dépend de la fixité qui peut être donnée à ces instruments, et pour ingénieux qu'ils soient, leur usage paraît devoir être borné à des cas particuliers.

L'étude des *courants de profondeur* a été entreprise par des savants comme Thoulet, Nansen, etc...

Elle est très complexe, car les choses ne se passent pas comme dans un récipient de laboratoire où les couches d'eau froides et denses descendent, tandis que les couches d'eau chaudes, et par conséquent légères, restent à la partie supérieure du vase. Si l'on observe les phénomènes qui se produisent en certains points surchauffés du Gulf-Stream par exemple, on constate que l'évaporation intense de la surface produit une véritable concentration des sels et par suite une augmentation du poids de l'eau qui, bien que beaucoup plus chaude que celle des couches inférieures, tendra cependant à descendre. Des singularités analogues existent dans les régions polaires où les eaux les plus froides ne sont pas à la partie la plus basse de la colonne liquide.

Ces quelques remarques suffisent à donner un aperçu de la diversité des causes qui déterminent la circulation d'ailleurs très lente des eaux dans la profondeur. On voit que les courants sous-marins sont créés en somme par les forces qui déterminent les courants généraux de la surface, c'est-à-dire la température et les vents régnants. L'étude de ces derniers phénomènes nous fait pénétrer dans le domaine de la météorologie et nous fait arriver à cette conclusion que les nuages étincelants de blancheur aperçus dans l'infini du ciel ont leur mouvement absolument lié à celui des masses sombres qui circulent dans les ténèbres des abîmes!

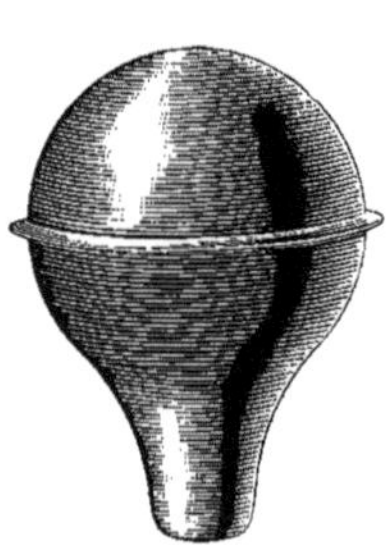

Fig. 18. — Flotteur employé pour l'étude des courants par S. A. S. le Prince de Monaco.

Fig. 19. — Coupe d'un flotteur montrant la répartition du lest et le document dans un tube de verre scellé.

Frappé de ces faits, le Prince de Monaco a apporté une large contribution à l'étude de la circulation générale des eaux en s'adonnant à l'étude des grands courants de surface et à celle de la haute atmosphère. J'expose dans les pages suivantes les méthodes d'investigation qu'il a employées.

Enfin ce chapitre se termine par quelques mots sur les courants littoraux et sur les causes qui les engendrent : les marées.

Étude des courants généraux de surface. — Au cours des années 1885, 1886 et 1887, le Prince de Monaco a immergé plus de sept cents flotteurs dans les eaux soumises à l'action du Gulf-Stream. Ces flotteurs furent de divers types; le dernier adopté est représenté par les figures 18 et 19. C'était, ainsi qu'on le voit, un récipient en cuivre étanche lesté de façon à ne laisser émerger que le moins de surface possible, afin de rendre négligeable l'influence du vent sur la direction générale prise par l'instrument. A l'intérieur de l'appareil, dans un tube de verre scellé, se trouvait un texte rédigé en neuf langues. On demandait par ce moyen à toute personne qui découvrirait le document, de vouloir bien le renvoyer à celui qui l'avait lancé en mentionnant la date

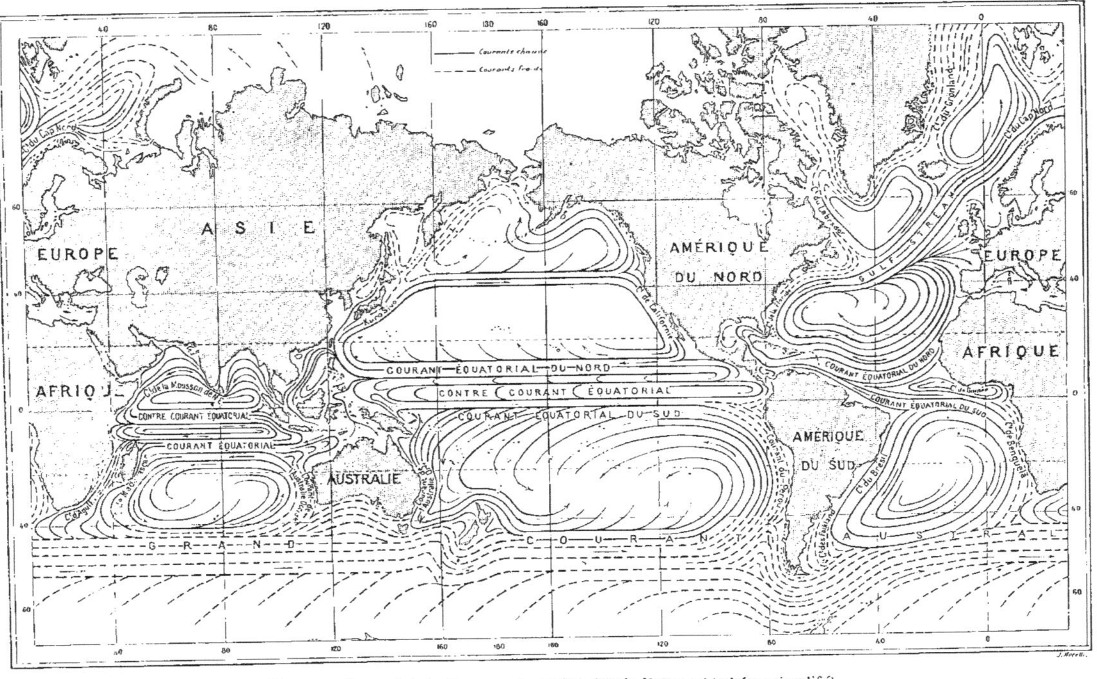

Fig. 20. — Carte générale des courants marins, d'après Krümmel (schéma simplifié).

et le lieu de la trouvaille. Dix-sept pour cent de ces documents firent ainsi retour au Prince. En rapprochant les dates du point de lancement de celles des points de découverte, on a obtenu des renseignements précis sur la force et la direction des courants principaux et secondaires.

Des nombreux expérimentateurs ont travaillé par des moyens analogues dans d'autres régions et l'on connaît maintenant la circulation générale des eaux de surface dans les divers océans.

La figure 20 en donnera une idée au lecteur : c'est un schéma très simplifié de la remarquable carte de Krümmel.

Étude de la haute atmosphère. — L'étude des vents régnants se compose d'un travail de statistique où l'on condense les résultats des observations faites chaque jour dans de nombreuses stations météorologiques au moyen de baromètres, de thermomètres, d'anémomètres, etc. C'est ainsi que nous avons appris l'existence de vents généraux tels que les alizés et la mousson, dont nous connaissons assez bien la périodicité et la force. La marche des cyclones obéit à des règles suffisamment établies maintenant pour que le télégraphe puisse faire prévoir dans combien d'heures ou de jours un ouragan signalé en Amérique atteindra telle ou telle côte d'Europe; mais quelles sont les causes qui déterminent les mouvements réguliers ou accidentels de l'air ?

Fig. 21. — Lancement d'un cerf-volant à bord de la *Princesse Alice*.

La météorologie est, il faut bien le reconnaître, une science encore dans l'enfance et qui explique peu les nombreux faits observés. Toutefois, depuis quelques années on a compris qu'il y avait de grands progrès à faire en ne se contentant plus des constatations enregistrées dans les stations ordinaires, mais en allant recueillir dans les nues des renseignements nombreux sur ce qui se passe dans la haute atmosphère.

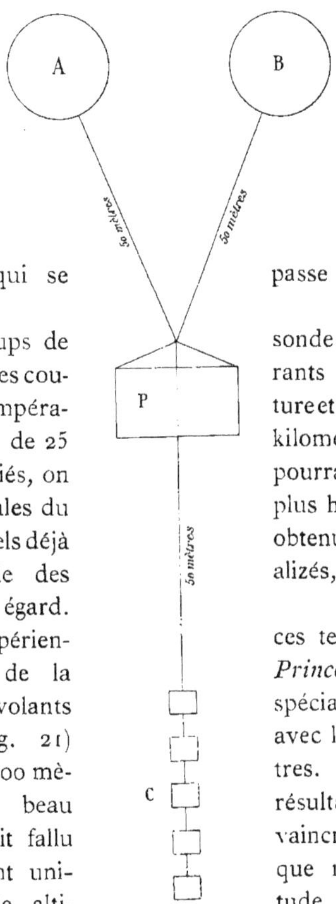

Ces véritables coups de sonde aériens rapportent des données précises sur les courants élevés, ainsi que sur les variations de température et d'hygrométrie de l'air, jusqu'à des hauteurs de 25 kilomètres. Lorsqu'ils seront suffisamment multipliés, on pourra sans doute en déduire des lois générales du plus haut intérêt.

Les résultats partiels déjà obtenus, notamment en ce qui concerne l'étude des alizés, sont particulièrement encourageants à cet égard.

Les premières expériences tentées dans cette nouvelle voie à bord de la *Princesse Alice* le furent au moyen de cerfs-volants spéciaux munis d'un appareil enregistreur (fig. 21) avec lesquels on put atteindre la hauteur de 4.500 mètres.

Fig. 22. — Schéma d'un lancement de ballons pour l'exploration de la haute atmosphère. A, B, ballons; P, enregistreur; C, flotteur-lest.

C'était déjà un beau résultat, si l'on songe aux difficultés qu'il avait fallu vaincre pour arriver à l'obtenir : un cerf-volant unique ne peut pas en effet monter à une grande altitude, car il arrive un moment où le poids de la remorque devient supérieur à la force portante de l'appareil. Il faut alors envoyer un deuxième cerf-volant, puis un troisième puis d'autres encore, et former ainsi tout un train au prix de manœuvres délicates et d'efforts souvent rendus stériles par suite de la rupture du fil d'acier.

Aussi le Prince, avec l'assistance de M. le professeur HERGESELL, Directeur de l'Institut Météorologique de Strasbourg, décida-t-il d'essayer en mer la méthode des ballons-sonde employée déjà avec succès sur le continent depuis quelques années.

Le principe des ascensions terrestres est le suivant : deux petits ballons inégalement gonflés emportent un appareil enregistreur. Ils atteignent une altitude telle que le plus gonflé des deux éclate par suite de la dilatation des gaz. Le système qui a perdu sa force élévatoire redescend alors et tombe en un point quelconque du continent. Une lettre attachée à cette épave aérienne, prie la personne qui la découvrira de la renvoyer contre récompense à l'observatoire intéressé où les courbes des instruments enregistreurs seront étudiées.

Fig. 23. — Gonflement d'un ballon au moyen de tubes d'hydrogène comprimé.

A priori ce genre d'expérience paraissait impossible à pratiquer au-dessus des océans; car comment faire pour retrouver les naufragés tombés sur les flots à 100 kilomètres, si ce n'est plus, du point de lancement? Voici cependant comment le problème a été résolu :

Deux ballons en caoutchouc A et B (fig. 22) portent un panier P renfermant un appareil enregistreur mû par un mouvement d'horlogerie dont les styles inscriront sur une feuille préparée au noir de fumée, la pression, la température et l'hygrométrie aux différentes altitudes.

Le ballon B est légèrement plus gonflé que le ballon A, c'est donc lui qui doit normalement éclater le premier.

Le système est complété par un chapelet de vieilles boîtes de conserves *C* contenant un petit lest d'une nature quelconque, mais tel que chacune d'elles conserve une certaine flottabilité.

Ce chapelet est donc un poids mort dans l'air, mais au contact de l'eau il devient un flotteur.

On procède à l'expérience comme suit : les ballons sont gonflés à l'aide d'hydrogène comprimé contenu dans des tubes spéciaux et on leur donne à chacun une force portante soigneusement tarée avant le départ (fig. 23 et 24).

Si nous supposons que A porte 3 kilogr. et B, qui est plus gonflé,

Fig. 24. — Le ballon gonflé est taré pour déterminer sa force portante.

3 kilogr. 500; si, d'autre part, le poids de l'instrument est 1 kilogr., celui de la corde employée 1 kilogr. et celui du chapelet 2 kilogr., la force ascensionnelle du système sera 3 kilogr. + 3 kilogr. 500 = 6 kilogr. 500,

diminuée de 1 kilogr. + 1 kilogr. + 2 kilogr. = 4 kilogr., soit 2 kilogr. 500.

Lorsqu'à la hauteur de 15.000 mètres par exemple, B aura éclaté,

Fig. 25. — Les deux ballons prêts à partir.

la force portante ne sera plus que celle de A, soit 3 kilogr. et les poids à supporter seront les mêmes que les précédents, augmentés toutefois de celui de la carcasse du ballon éclaté, que l'on peut évaluer à 1 kilogr. La force de descente sera donnée par la différence :

$$3 \text{ kilogr.} - 5 \text{ kilogr.} = 2 \text{ kilogr.}$$

La chute est donc forcée, mais lorsque le chapelet aura touché la mer il flottera, et la carcasse du ballon crevé arrivant à l'eau perdra à peu près tout son poids. Le ballon A n'aura donc plus à supporter que le poids de l'instrument, ce qu'il peut faire aisément; en fin de compte, il sera captif dans les airs et fixé à une sorte de bouée par une cordelette de 100 mètres.

Les chiffres donnant la force portante positive ou négative du système, correspondent à des vitesses de montée ou de descente que l'on calcule au moyen de formules spéciales avec une approximation assez grande. Le temps écoulé depuis le lâcher-tout permet donc de connaître à tout moment la hauteur h atteinte.

Si un observateur relève avec son sextant et à intervalles fréquents

Fig. 26. — Le panier de l'enregistreur quitte le bord; on va y adjoindre un réservoir en verre, emballé dans du coton, qui est destiné à capter un échantillon d'air.

l'angle α que font les ballons avec l'horizon (fig. 27), tandis qu'un autre opérateur note simultanément leur direction OB avec la boussole, on voit que l'on a autant de fois qu'on le désire la projection horizontale du système en b par la formule simple $Ob = h \text{cotg.} \alpha$.

Il y a donc lieu d'observer les ballons aussi longtemps que possible et il n'est pas rare de les apercevoir au delà de 10.000 mètres.

Lorsqu'ils disparaissent dans le firmament, on construit rapidement un graphique en projection de leur marche, au moyen de quelques points déterminés comme je viens de le dire, et ceci indique en général un certain nombre de changements de direction dus aux divers courants rencontrés. On prolonge le dernier élément de la courbe d'une quantité correspondant au point d'éclatement supposé, que le gonflement des ballons et l'expérience acquise permettent d'évaluer avec une approximation suffisante.

La courbe ainsi obtenue renseigne déjà sur la force et sur la direction

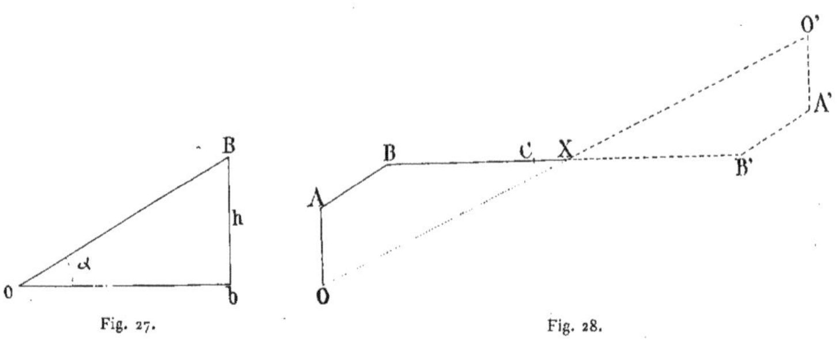

Fig. 27.

Fig. 28.

des courants aériens aux différentes altitudes; elle donne également le point de départ et, à peu de chose près, le point d'éclatement du ballon.

Soit OABC (fig. 28) le chemin suivi par tout l'appareil, C étant le point de la dernière observation, ce qui a fait supposer que la descente a commencé en X. Le ballon qui tombe, rencontrant dans sa chute les mêmes courants qu'à la montée mais en sens inverse, la courbe de descente doit être symétrique de celle de l'ascension[1]; autrement dit, en prolongeant OX de sa longueur, on obtient sur la carte le point O' où doit se trouver le ballon captif et sur lequel on met le cap à toute vapeur aussitôt que le système a été perdu de vue.

1. Pour simplifier, j'ai supposé que l'ascension et la descente avaient lieu à la même vitesse.

Il faut souvent plusieurs heures pour effectuer ce parcours et lorsqu'on fouille l'horizon avec des jumelles, au moment voulu, on a la joie de retrouver le fugitif porteur du précieux panier de l'enregistreur (fig. 29).

Les figures 30 et 31 montrent une courbe ainsi obtenue, ainsi que le graphique du chemin parcouru par le navire pendant la durée de l'expérience pour retrouver le ballon.

Les Marées. — Parmi les autres causes de formation des courants, et plus spécialement de ceux qui existent le long des côtes, il y a l'action bien connue des marées.

Fig. 29. — Le ballon est retrouvé et les mains se tendent vers le précieux panier dans lequel sont enregistrés tous les phénomènes de l'ascension.

L'étude complète de ce phénomène est extrêmement ardue et elle semble sortir des questions de pratique usuelle à bord qui font l'objet de cet ouvrage. Cependant lorsque l'océanographe s'aventure dans des régions inexplorées, il peut être amené à faire l'hydrographie d'un littoral, et son travail comportera l'établissement des changements de niveau de la mer aux différentes heures du jour et à toutes les époques de l'année.

Je dois donc entrer dans quelques explications élémentaires sur ce sujet.

Depuis des temps reculés, les anciens avaient remarqué la corrélation qui existait entre les phases de la lune et l'amplitude des marées. La régularité avec laquelle ces oscillations quotidiennes ou annuelles se succédaient, leur avait permis de connaître dans chaque localité intéressée

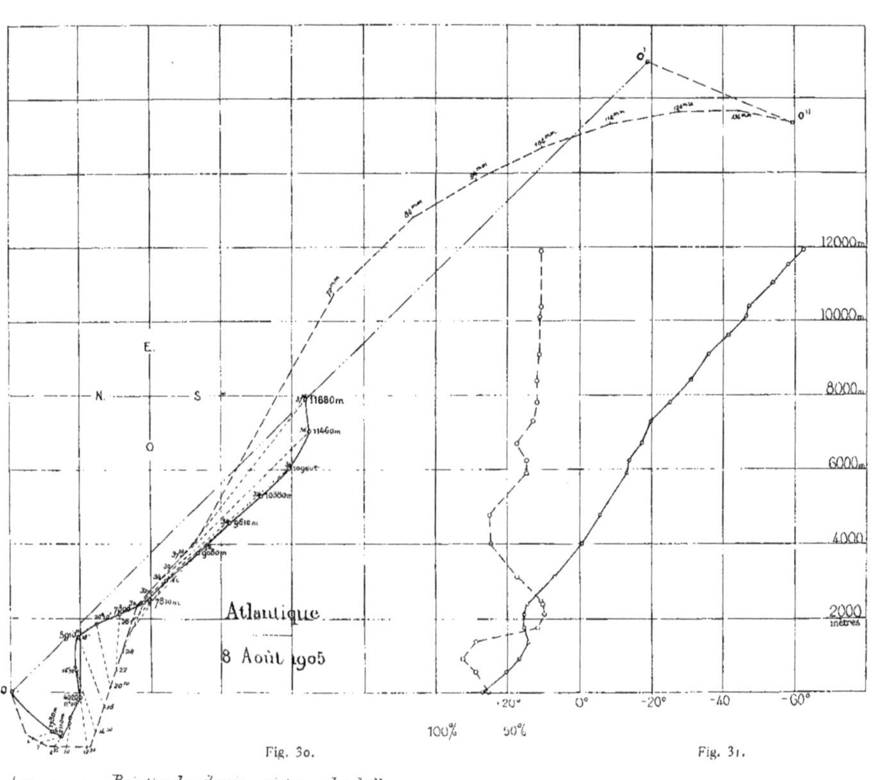

Fig. 30.

Fig. 31.

Projection du chemin suivi par les ballons.
Chemin suivi par le navire
Traits de construction pour trouver le point de chute O'
m... Mètres de hauteur, mm... Milles parcourus par le navire

Nota. — Le ballon a été en réalité trouvé en O'', la dérive O' O'' étant due au vent qui régnait ce jour là

Courbe des températures
Courbe de l'Hygrométrie

ce qu'il importait de savoir pour les besoins de la navigation, c'est-à-dire la hauteur de l'eau au-dessus du fond et la formation de certains courants dus au flot ou au jusant.

Je dois à la vérité d'avouer que si nous en savons davantage aujourd'hui, c'est surtout parce que le travail de statistique déjà employé par nos ancêtres a été considérablement développé et méthodiquement coordonné. La science pure ne suffirait pas, ainsi qu'on va le voir, à nous donner des renseignements complets sur les mouvements de la mer.

La seule loi qui puisse nous fournir une explication est celle de l'attraction universelle, dont le phénomène des marées semble être une des conséquences. D'après le principe de Newton, les astres s'attirant en raison directe de leurs masses et en raison inverse du carré de leurs distances, la lune, à cause de sa proximité avec la terre, est de tous les corps célestes celui dont l'influence doit se faire sentir le plus sur notre planète.

L'astronomie nous apprend par ailleurs que la lune tourne autour de notre monde en 24^h50^m environ; il en résulte qu'en un point quelconque du globe elle traverse deux fois le méridien à 12^h25^m d'intervalle.

L'attraction qu'elle exerce en ces circonstances détermine une sorte de gonflement de la masse liquide, d'où la production d'une onde qui suit la lune dans sa course et qui se traduit par deux basses mers et deux hautes mers pour chaque endroit considéré.

L'écart entre deux marées consécutives est bien ainsi de 12^h25^m, ce qui confirme la théorie.

Le soleil étant beaucoup plus éloigné de la terre que la lune n'a pas d'influence appréciable sur la périodicité des marées, mais il en a une sur leur qualité et lorsqu'en certaines circonstances ces deux astres sont en ligne droite avec la terre — c'est le cas aux époques de la nouvelle et de la pleine lune — l'onde qui en résulte est beaucoup plus forte et donne lieu aux grandes marées dites de *vive eau*. On est au contraire en *morte eau* dans le premier et le dernier quartier, car dans ces phases le soleil a une action contraire.

Les raisonnements précédents montrent que le maximum de l'onde doit avoir lieu lorsque le soleil passe à l'équateur, et c'est bien ce qui arrive puisqu'à cette époque on observe la *grande marée d'équinoxe*.

Ces notions nous donnent des indications utiles quant aux époques auxquelles se produiront les mouvements de flux et de reflux, et on conçoit qu'elles puissent servir à l'établissement de tables indiquant leur périodicité, mais il y a lieu de faire remarquer que le passage de l'onde de marée ne coïncide pas avec le moment où la lune est au méridien; il y a un certain retard dû à des causes multiples et qui varie suivant les localités. La valeur de ce retard en chaque lieu, constatée à l'époque de la marée maxima d'équinoxe, s'appelle l'*établissement du port,* qui est une des données capitales du calcul des tables.

On ne trouve naturellement l'établissement du port et l'amplitude de la marée que par l'observation directe d'une échelle métrique, plongée dans la mer et à laquelle on donne le nom de *marégraphe.*

Aucun calcul ne saurait faire prévoir de combien la mer peut monter ou descendre en *vive eau;* cela varie suivant les localités de 20 mètres à quelques centimètres, mais quand on a noté les renseignements précités que peut fournir le marégraphe, on peut en déduire la loi que l'on cherche pour tout le cours de l'année.

Il existe plusieurs théories des marées : elles sont complexes puisqu'il faut faire entrer en ligne de compte, non seulement la lune et le soleil, mais encore d'autres astres dont l'influence n'est pas négligeable.

Les conclusions auxquelles on arrive ne donnent d'ailleurs pas les motifs des nombreuses exceptions que la nature oppose à la règle trouvée.

En certains points de la Méditerranée la marée est à peine sensible; en d'autres assez voisins elle atteint deux mètres. Sur les côtes de l'Atlantique il y a de nombreux ports dans lesquels le temps de montée de l'eau est très différent de celui du jusant. Enfin, si dans certaines mers de Chine il n'y a qu'une marée par jour, par contre à l'embouchure de l'Amazone il y en a quatre!

Ces singularités sont plus ou moins bien expliquées après coup par des réactions de l'onde de marée dues à la résistance que lui oppose la configuration des côtes, mais il n'en est pas moins vrai que c'est l'observation pure et simple qui a seule permis de les étudier.

Le flot et le jusant déterminent des courants locaux souvent très violents et qui peuvent dépasser 10 nœuds (18 kil.) à l'heure. Dans certains cas, comme dans la Manche, plusieurs ondes de marées se rencontrent dans un endroit resserré en donnant lieu à des courants extrêmement variables en force et en direction dans un laps de temps très court. On conçoit l'importance qu'il y a pour la navigation à connaître exactement tous ces mouvements de la surface; nous possédons heureusement maintenant des cartes donnant d'heure en heure tous les renseignements dont les navires ont besoin. Il va de soi que c'est encore la méthode expérimentale qui a joué le principal rôle dans l'établissement de ces documents.

DIVERSES CONDITIONS PHYSIQUES DE L'EAU DE MER

La glace. — Dans les régions où le froid est assez intense pour abaisser la température de la surface à 2 degrés 1/2 sous zéro, l'eau de mer se congèle. Il se forme d'abord comme un sorbet de glaçons qui se soudent ensemble si le thermomètre continue à descendre et c'est ainsi que se constitue la banquise des mers polaires.

Par des temps très calmes on constate parfois un fait assez singulier, celui de la production instantanée d'une pellicule de glace sur une surface assez étendue. Il est probable que l'eau est brusquement solidifiée par suite d'un phénomène de surfusion analogue à ceux que l'on enseigne dans les cours de physique.

Peu à peu la banquise épaissit et forme le *pack* bien connu des explorateurs. L'action du vent et des marées sur ces énormes champs de glace se traduit par des dislocations, et des *ice fields* de grande étendue sont ainsi entraînés par des courants comme des îles flottantes qui peuvent dépasser une superficie de 50 kilomètres carrés!

Si au contraire les mêmes causes tendent à rapprocher des débris épars, ils se soudent brutalement et la pression produite par les masses est telle que des fragments se brisent et s'empilent les uns sur les autres en donnant lieu à ces *hummocks* dont la banquise est hérissée (fig. 32).

Il est aisé de comprendre quels périls court un bâtiment même de construction spéciale quand il est pris dans d'aussi formidables étaus de glace! Aussi est-ce important d'être prévenu de la présence d'un *ice field* de quelque étendue pour pouvoir manœuvrer en conséquence. Les marins ont à cet effet deux pronostics : 1° l'*ice blink*, sorte de halo blanc brillant qui se montre à l'horizon et qui peut déceler plusieurs heures à l'avance la présence d'un champ important; 2° l'abaissement de la température de la mer qui se fait sentir en général assez loin d'une banquise. Malheureusement il ne s'agit là que de simples indices et non pas d'une règle absolue, car il arrive parfois que l'approche d'un *ice field* ne soit signalée par aucun des symptômes usuels.

Dans les mers arctiques on rencontre fréquemment des blocs de glace

Fig. 32. — Le Prince de Monaco chassant sur la banquise.

dont les proportions les ont fait comparer à des montagnes flottantes; d'où le nom d'*icebergs* qui leur a été donné. Leur origine n'a rien de commun avec celle de la banquise dont ils font souvent partie, car ils sont formés d'eau *douce* congelée provenant de la terre ferme.

Pour faire concevoir les phénomènes qui leur donnent naissance et que j'ai eu l'occasion d'observer, je prierai le lecteur de se transporter par la pensée dans les Alpes, à 2.500 mètres de hauteur. Tout autour de lui, il verra des pics et des vallées sauvages servant de lits aux glaciers. Qu'il imagine maintenant une section horizontale faite dans tout ce paysage à l'altitude où il se trouve et la tranche supérieure ainsi obtenue transportée sur la mer : il aura de la sorte une idée très approchée de ce que sont certaines contrées polaires et notamment le Spitzberg.

Dans ces régions, les glaciers sont de véritables fleuves dont l'embouchure est à la mer où ils aboutissent sous la forme de falaises de glace qui peuvent atteindre jusqu'à 80 mètres de hauteur et 100 kilomètres de front, comme le cas se présente au Groenland!

Mais les glaciers ont leur marche et la masse d'eau solidifiée avance toujours dans l'eau qui fait fondre lentement la partie immergée en creusant peu à peu un immense porte-à-faux voué à une rupture inévitable. Alors des blocs colossaux s'effondrent dans la mer avec un fracas de tonnerre : un *vélage* vient de se produire et c'est ainsi que naissent les icebergs qui sont souvent entraînés par les courants jusque dans des mers tempérées où ils constituent des récifs flottants très dangereux pour la navigation.

Il n'est d'ailleurs pas prudent de s'en approcher, car la fusion de la base plongée dans une eau relativement chaude finit par déterminer un changement d'équilibre qui se traduit par un chavirement dont on pourrait être victime.

En se délitant ainsi, ils prennent les formes les plus étranges. Quant à leur hauteur au-dessus de la mer, elle pourrait atteindre jusqu'à 100 et 120 mètres d'après les estimations de certains auteurs.

Ces chiffres ne me paraissent pas exagérés, car j'en ai personnellement mesuré un de 91 mètres dans la Baie-Blanche, au nord de Terre-Neuve, et il en existe très probablement de plus gros. La partie immergée d'un iceberg étant de cinq à sept fois plus considérable que celle exposée à l'air, celui que j'ai observé avait donc 600 mètres environ de *pied dans l'eau!*

Pressions et compressibilité de l'eau de mer. — On sait qu'à une colonne d'eau de mer de 10 mètres de hauteur correspond une pression d'environ 1 kilogramme par centimètre carré de surface. Il en résulte qu'à des distances de 8 à 9.000 mètres de la surface, les pressions atteintes doivent être de 8 à 900 kilogrammes par centimètre carré. Ceci a conduit un instant à supposer que sous l'influence d'une aussi formidable compression, les couches inférieures devaient atteindre une très

Fig. 33. — Un front de glaciers dans la baie de Safe Harbour (Spitzberg).

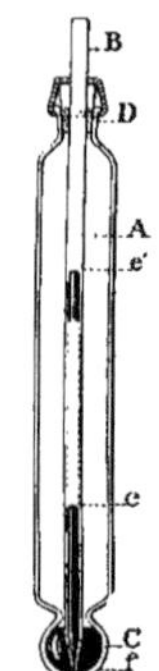

Fig. 34. — Piézomètre de Buchanan.

grande densité. On trouve même encore assez répandue cette croyance que, dans les profondeurs précitées, un boulet de canon doit flotter entre deux eaux comme un ludion! Cette légende ne repose sur rien de sérieux, car on sait combien l'eau est peu compressible; néanmoins, par les grands fonds de 9.000 mètres, elle perd tout de même quatre pour cent de son volume, ce qui a pour effet d'augmenter encore la pression du milieu.

Les instruments employés pour mesurer cette compressibilité ont reçu le nom de *piézomètres*. Celui que je décris (fig. 34) a été inventé et expérimenté par M. Buchanan.

Il se compose d'un flacon A rempli d'eau de mer dans lequel pénètre un tube B contenant du mercure jusqu'au niveau *e*. Le piézomètre est immergé à la profondeur voulue et la pression qui se produit dans le tube B a pour effet de refouler le mercure dans le réservoir C. Lorsque celui-ci est rempli, l'eau comprimée qui arrive par le tube B vient s'ajouter à celle qui était déjà dans le flacon A[1].

Pendant la montée, l'eau du récipient A n'étant plus soumise au même régime se détend et elle repousse le mercure pour reprendre son volume normal qui sera celui de A augmenté de la quantité d'eau qui s'est introduite sous l'effet de la pression. Il en résulte que le niveau du mercure qui était en *e* au moment de l'immersion, se trouve en *e'* lorsque l'instrument revient à bord.

La différence *ee'* permet, au moyen de calculs et de corrections compliquées, de déduire le chiffre exact de la compressibilité de l'eau de mer.

Le coefficient par mètre est de 0,00000466 d'après Buchanan ou de 0,00000472, chiffre d'ailleurs très voisin, trouvé par Ekman, dans des expériences plus récentes.

Pénétration de la lumière. — Des expériences assez nombreuses ont été tentées dans le but de savoir à quelle profondeur l'influence de la lumière solaire était encore appréciable.

1. Le flacon A n'éclate pas, car la pression intérieure de ce récipient est forcément toujours égale à la pression extérieure du milieu.

L'enregistreur tout indiqué pour cela est la plaque photographique, à laquelle on a eu recours en employant divers dispositifs. Comme il fallait s'y attendre, on a trouvé que pour une profondeur donnée, la pénétration était d'autant plus forte que les rayons solaires frappaient plus normalement la surface. Mais même en se plaçant dans les conditions les plus favorables, on n'avait pu jusqu'à ces derniers temps déceler aucune trace de jour au delà d'une profondeur de 300 mètres. On admettait donc qu'à partir de cette limite c'était la nuit perpétuelle, et pour

Fig. 35. — Immersion d'un piézomètre fixé sur le câble de la sonde.

expliquer à quoi peuvent servir les organes visuels des poissons on avait émis diverses suppositions encore considérées comme très plausibles, telles que celle de l'illumination des eaux profondes par une quantité d'animalcules phosphorescents.

Les expériences effectuées tout récemment à bord du *Michaël Sars* avec les plaques très sensibles dont on dispose aujourd'hui, ont montré que la lumière solaire pouvait encore impressionner le gélatino-bromure à plus de 400 mètres de la surface si la pose avait été assez prolongée; quant aux rayons violets et ultra-violets du spectre, leur présence a pu être contrôlée, grâce à l'emploi d'écrans sélecteurs, jusqu'à près de

1.000 mètres de fond ! Ces rayons sont obscurs pour nous et ne sont visibles que pour l'appareil photographique, mais rien ne nous prouve que certaines espèces n'aient pas des yeux conformés de manière à les percevoir.

En admettant même que les radiations précitées fassent défaut complètement à partir d'une limite déterminée, ne peut-il y en avoir d'autres ne provenant pas du soleil et dont nous n'avons pas encore les moyens de découvrir l'existence, mais qui seraient parfaitement éclairants pour les faunes de certaines régions ?

DEUXIÈME PARTIE

L'OCÉANOGRAPHIE BIOLOGIQUE

HISTORIQUE

L'existence d'une faune sous-marine très profonde a été ignorée jusqu'à ces cinquante dernières années.

Le fait n'a rien qui puisse surprendre quand on réfléchit aux difficultés qu'il a fallu vaincre pour arriver à réussir de simples sondages.

Un dragage à 4.000 mètres de la surface n'est devenu possible que le jour où les treuils à vapeur ont été inventés; toutefois, il n'est pas nécessaire de travailler si bas pour découvrir des choses intéressantes : nous en avons la preuve dans les résultats des opérations exécutées par le Prince de Monaco au début de sa carrière d'océanographe. Il n'avait alors à sa disposition qu'une goélette de 200 tonneaux montée par quelques hommes d'équipage qui manœuvraient les engins à la seule force de leurs bras; ces faibles moyens furent cependant suffisants pour permettre de chaluter jusqu'à la profondeur incroyable de 2.870 mètres!

Pourquoi les zoologistes ont-ils donc tant tardé à s'adonner aux explorations sous-marines dans des limites abordables? La raison en est

Fig. 36. — Le yacht *Princesse Alice* dans la baie Cross (Spitzberg).

simple : on admettait l'impossibilité de la vie dans les abîmes; aussi personne ne songeait à entreprendre des recherches pénibles dont l'inutilité était décrétée par avance. Il faut bien reconnaître que les conditions physiques de la mer à 5.000 mètres de la surface, par exemple, sont pour le moins étranges; la pression y est de plus de 500 kilogr. par centimètre carré, c'est-à-dire sensiblement celle développée dans l'âme d'un fusil de chasse au moment de la déflagration de la cartouche! Avec cela, ni lumière, ni chaleur solaires, agents réputés nécessaires à l'existence... Le scepticisme de nos pères pouvait donc jusqu'à un certain point se défendre.

Fig. 37. — Trois humbles collaborateurs au service de S. A. S. le Prince de Monaco depuis des années.

(Cliché Enrietti.)

Fig. 38. — Le Musée Océanographique de Monaco (façade).

Imbu de ces idées, mais chercheur consciencieux, le célèbre naturaliste anglais FORBES travailla (en 1841) pendant 18 mois dans la mer Égée.

Les engins employés par lui fournirent de rares résultats au-dessous de 100 mètres et pour ainsi dire aucun à la profondeur maxima de 250 mètres atteinte par ses appareils.

Ce savant dont la parole faisait autorité, fut ainsi amené à déclarer (en 1843) qu'au-dessous de 50 brasses (100 mètres environ), la vie n'existait plus!

Quelques faits isolés rapportés par des marins ne pouvaient faire revenir le monde scientifique sur une opinion aussi formelle qui confirmait du reste ce que semblait vouloir la simple raison.

Toutefois, les explications qu'on donnait de certaines trouvailles faites dans des conditions infirmant cette théorie (animaux malades égarés de leur habitat, circonstances accidentelles, etc.), avaient paru insuffisantes à quelques zoologistes qui commençaient à les mettre en doute, quand se produisit un incident qui devait bouleverser d'un coup tous les anciens errements.

En 1861, le câble télégraphique reliant la Sardaigne à l'Algérie s'étant rompu par un fond de 2.000 mètres, divers fragments rapportés à la surface au cours des réparations furent trouvés porteurs d'animaux vivants qui s'y étaient sans doute incrustés depuis assez longtemps. On eut l'heureuse idée d'envoyer ces bouts de câble à MILNE-EDWARDS, directeur du Muséum, qui en entreprit l'étude. Il reconnut que les animaux en question n'avaient aucun rapport avec les espèces marines déjà étudiées, et bientôt son émotion devait arriver au comble lorsqu'il constata que les êtres soumis à son examen avaient un caractère de cousinage frappant avec des spécimens de fossiles trouvés dans des terrains tertiaires!

Cet étrange rapprochement, qui par la suite ne devait pas être le seul du même genre, fut le coup d'aiguillon donné à la curiosité du monde scientifique, et les expéditions s'organisèrent.

Je ne puis songer à rappeler ici tous les noms et tous les travaux de ceux qui ont été les précurseurs de l'Océanographie. Force m'est cependant de mentionner au moins les premières explorations des navires anglais *Lightning* et *Porcupine* et des navires américains *Bibb, Hassler* et *Blake*.

(Cliché Enrietti.)

Fig. 30. — Le Musée Océanographique de Monaco (vue prise de la mer).

En 1873, l'Amirauté anglaise mit à la disposition d'un groupe de savants la corvette à vapeur *Challenger*, dont les travaux à jamais célèbres autour du monde durèrent trois ans.

Cet exemple devait être suivi par la France, et l'on n'oubliera pas non plus les admirables campagnes effectuées de 1880 à 1883 par le *Travailleur* et par le *Talisman*.

Enthousiasmé des premiers pas que faisait une science nouvelle, le Prince Albert de Monaco se mit résolument au travail dès 1887, avec sa petite goélette l'*Hirondelle*, et depuis lors, sans se départir d'une admirable ténacité, il ne laissa pas passer une année jusqu'au jour où j'écris ces lignes, sans faire une croisière océanographique avec des yachts de plus en plus puissants et spécialement aménagés en vue de ses recherches.

Une élite de savants devaient devenir ses fidèles collaborateurs, et c'est à ce Prince travailleur que nous devons de posséder maintenant une véritable monographie de la mer, des publications admirables et des richesses sans prix qui sont accumulées dans l'admirable Musée Océanographique de Monaco (fig. 38 et 39).

C'est encore à lui que nous devons la diffusion de tant de connaissances nouvelles par la création de son Institut Océanographique, récemment inauguré à Paris.

J'ai eu la bonne fortune de recueillir à son école les éléments de cet ouvrage : ce sont donc plus spécialement les méthodes de pêche employées à son bord que je vais décrire dans les pages suivantes, en montrant comment s'effectuent les captures des animaux de surface, de ceux du fond et de ceux qui vivent entre deux eaux, à des profondeurs diverses.

APPAREILS DE MANŒUVRE

Avant d'aborder la description des engins de pêche, je vais dire quelques mots des puissants appareils employés pour les manœuvrer. Il s'agit en effet dans certains cas de pouvoir résister à de très grands efforts et aux chocs souvent considérables qui se produisent lorsque la drague passe sur des fonds difficiles.

Le Prince de Monaco a depuis longtemps remplacé les cordages en chanvre par des câbles métalliques beaucoup moins encombrants et dont la résistance est bien supérieure. Ils sont en trois bouts de 4.000 mètres chacun et de diamètres croissants (10, 12, 14 millimètres).

Fig. 40. — Le treuil et la bobine du câble de dragage.

Cette augmentation de section est motivée par le poids du câble déroulé qui devient rapidement important, puisqu'il se chiffre par tonnes quand on travaille dans les grands fonds.

Pour l'immersion moins pénible des nasses, on s'est tenu à un diamètre unique de 8 millimètres.

Si l'on se reporte à ce que j'ai dit à propos de la machine à sonder, il est aisé de concevoir que pour manœuvrer un câble, on ne peut se contenter du système élémentaire, qui consisterait à employer une simple bobine, servant alternativement de magasin et de treuil. Le noyau et les flasques d'un appareil de ce genre céderaient sûrement à la pression.

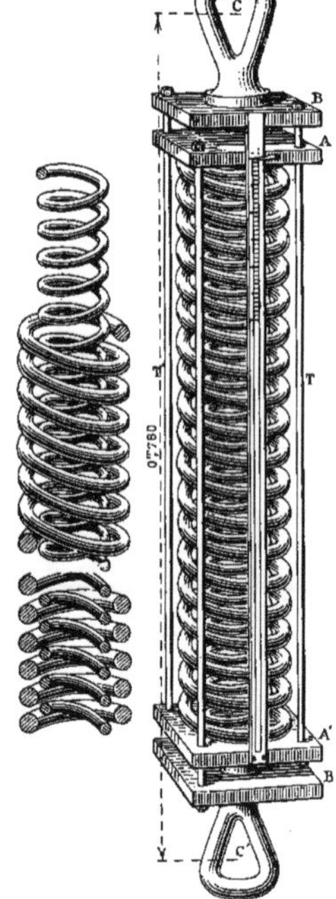

Fig. 41, 42. — Dynamomètre; à gauche, détail des ressorts.

On a donc recours à deux organes bien distincts : le premier est un treuil puissant dans le genre de celui que l'on emploie à bord des navires de commerce pour embarquer les marchandises. C'est lui (fig. 40) qui supporte tout l'effort de traction qui *fait la force*.

Au fur et à mesure que le câble rentre à bord, il va s'enrouler sur une grande bobine qui constitue le deuxième organe du système. Celle-ci reçoit son mouvement rotatif d'un petit moteur de faible puissance, mais suffisant toutefois pour assurer la tension nécessaire à un enroulement régulier.

Le principe de cette installation est très simple, mais sa réalisation a exigé des tâtonnements, car s'il est nécessaire que tous ces appareils soient d'une grande solidité pour résister aux efforts qu'on leur demande, ils doivent aussi être précis pour que les câbles s'emmagasinent convenablement et sans chocs, pour éviter des glissements, etc... Il faut encore et surtout un personnel entraîné à toutes ces manœuvres ainsi qu'à l'entretien et à la réparation des filins d'acier.

La mise au point de tout cet ensemble demande donc beaucoup d'expérience et de connaissance du métier.

En un point quelconque de son parcours, le câble s'appuie sur une roue à gorge qui commande un compteur indiquant la quantité qui en a été déroulée. Les vitesses de manœuvre sont d'environ 1.600 à 1.800 mètres à l'heure, tant à la descente qu'à la montée.

Enfin, tout ce dispositif est complété par un accessoire de la plus grande importance : le *dynamomètre* qui se trouve à l'extrémité du mât de charge et dans la poulie duquel passe le câble avant d'entrer dans la mer.

Cet instrument (fig. 41 et 42) est une sorte de peson très puissant qui permet de mesurer la tension supportée par le câble d'acier. Ses indications précieuses montrent si l'on doit ralentir l'allure du treuil ou même filer de la ligne en cas d'efforts dangereux.

Le dynamomètre apporte en outre une grande élasticité dans la transmission des chocs, ce qui diminue de beaucoup les chances de rupture. A cause de ce dernier rôle, divers auteurs l'ont appelé « accumulateur ».

Dans le chapitre qui traite des pêches sur le fond, je donne plus loin des explications sur la manœuvre de tous ces appareils.

PÊCHES DE SURFACE

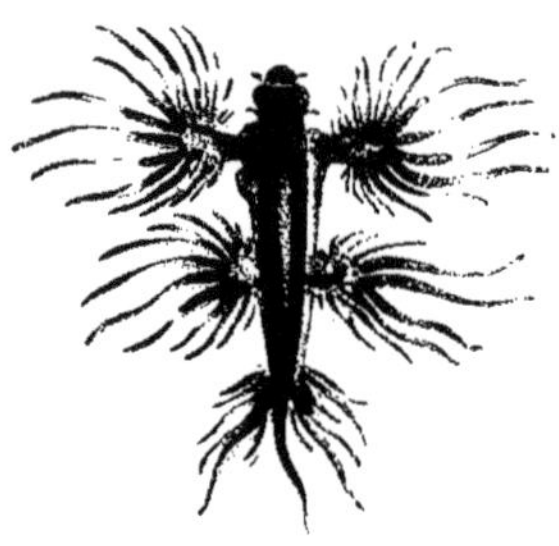
Fig. 43. — Glaucus atlanticus Forster.

Les anciens navigateurs à la voile étaient souvent pris par des calmes qui leur laissaient le loisir d'observer autour d'eux, et ils connaissaient certes, toute une faune de surface que le monde savant devait étudier seulement beaucoup plus tard.

Les animaux qui la composent d'une façon permanente ou par intermittences sont beaucoup plus nombreux et plus variés qu'on ne le pense en général : quand un navire est stoppé par temps calme, on peut voir flotter autour du bord méduses, crustacés, poissons et mille autres espèces de genres très divers.

Un des moyens élémentaires employés pour pratiquer la pêche de cette faune est d'utiliser un simple haveneau[1] fabriqué avec du filet à mailles plus ou moins grosses, ou avec de la soie. Les captures ainsi faites sont souvent très intéressantes, ainsi qu'on peut le voir par les quelques exemples que j'en donne.

Quelques exemples d'animaux de surface. — Je citerai d'abord la *physalie* (fig. 42). Cet animal, singulier entre tous, possède un flotteur muni d'un orifice à sphincter qui lui permet d'expulser les gaz quand il veut plonger. Sous ce flotteur aux merveilleuses irisations pend

1. Sorte d'épuisette.

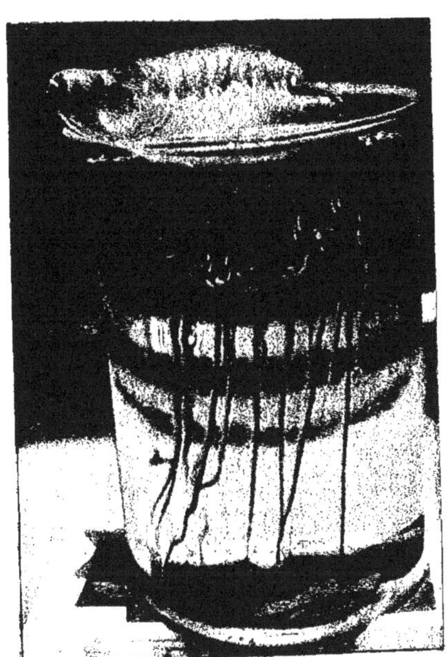

PHYSALIE

Cliché autochrome de l'auteur

Fig. 44. — On recueille une épave.

une magnifique chevelure violette qui est en réalité l'appareil de pêche de la physalie. Les filaments qui composent cette toison sont des tentacules doués de la curieuse propriété de secréter un venin qui stupéfie les proies atteintes au point qu'elles se laissent dévorer sans chercher à se débattre. MM. Richet et Portier ont étudié cette substance et lui ont donné le nom d'*hypnotoxine* après avoir constaté l'état d'insensibilité produit par son injection dans le corps de divers animaux d'expérience qui cependant restaient éveillés.

(Cliché Richard.)

Fig. 45. — Pêche à la fouine, prise d'une épave.

On avait espéré un moment une utilisation possible de l'hypnotoxine pour les opérations chirurgicales; malheureusement, les désordres qu'elle détermine dans l'organisme sont tels que la mort s'en suit inévitablement après un certain nombre d'heures.

J'indique encore, dans un autre genre, un curieux mollusque : le *glaucus* (fig. 43). Ce très joli petit être échappe à ses ennemis par un moyen de défense passive, car il présente un cas de mimétisme très complet. Il nage sur le dos qui vu d'en-dessous a un aspect blanchâtre le rendant

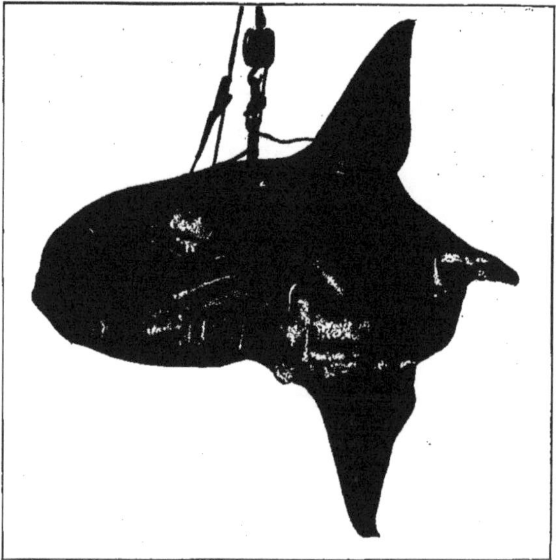

Fig. 46. — Poisson lune.

invisible aux poissons pour lesquels il doit se confondre avec la teinte opaline de l'eau; quant au ventre, sa couleur est d'un bleu absolument semblable à celui de la mer, de sorte que l'animal ne peut être vu par les oiseaux. L'aspect général de ce mollusque est celui d'un petit poisson qui aurait des nageoires en éventail très développées.

Parfois on trouve des animaux morts ou malades venus à la surface ou même de simples débris qui sont d'un rare intérêt ; c'est ainsi que le Prince de Monaco a eu l'occasion de recueillir un bras de poulpe qui ne mesurait pas moins de 8 mètres de longueur, et ceci donne une idée de ce que devait être le monstre effrayant auquel il appartenait.

Toute épave, c'est-à-dire tout objet qui flotte depuis un certain temps mérite d'attirer l'attention. Il est souvent utile de mettre une embarcation à la mer et de la remorquer jusqu'à bord (fig. 44).

On trouve ainsi des *anatifes*, des coquillages divers, des colonies de

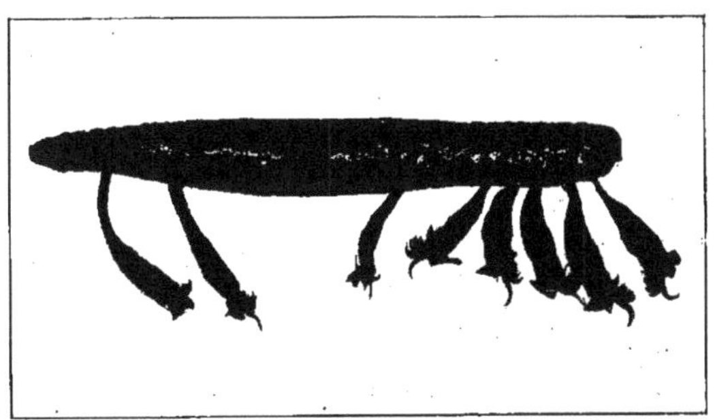

Fig. 47. — Lanière de peau d'un globicéphale auquel adhèrent une série de parasites (Xenobalanus Globicipitis).

crustacés intéressants et si l'on a eu la précaution de se munir d'une fouine, on pourra capturer les poissons qui rôdent presque toujours autour.

La figure 45 montre une pêche de *mérous* pratiquée de cette façon par le Prince de Monaco.

A la surface viennent également des animaux connus comme les *tortues* endormies qui se prennent à la main, ou de plus communs encore tels que les *marsouins* et les *lunes* (fig. 46) que l'on pourra harponner si l'on est assez adroit pour réussir son coup. Ces prises sont toujours intéressantes, même lorsqu'il s'agit d'espèces très connues, car l'étude du contenu de leur estomac apporte souvent des renseignements nouveaux sur les proies qui leur servent de nourriture; d'autre part, l'examen de leur peau et de leurs organes révèle souvent l'existence de parasites curieux (fig. 47).

Chalut de surface. — Dans le but de faire des pêches plus fructueuses que celles pratiquées au moyen d'un simple haveneau, le Prince de Mo-

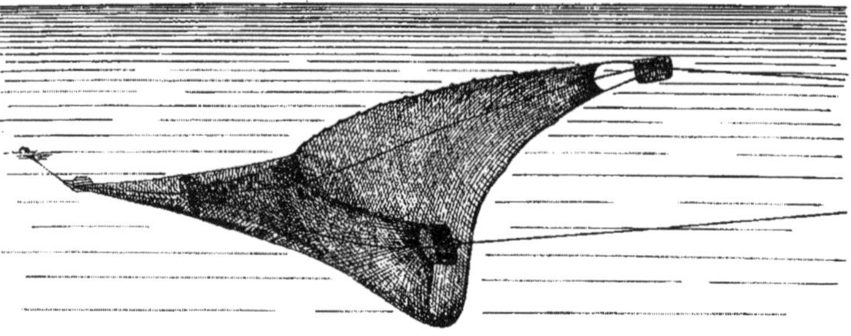

Fig. 48. — Chalut de surface du Prince de Monaco.

naco a imaginé un engin, auquel il a donné le nom de chalut de surface.

Ce filet (fig. 48) a la forme d'une poche maintenue ouverte par l'action de deux petits plateaux divergents. La flottabilité et l'équilibre du système sont obtenus respectivement par des lièges fixés à la partie supérieure et par des petites olives en plomb enfilées dans la ralingue inférieure. Cet engin, traîné lentement derrière le navire, a rapporté une foule d'animaux et d'organismes très variés.

Le plankton. — Il ne faudrait pas croire que la manifestation de la vie à la surface de la mer se borne aux espèces que l'on peut recueillir par les moyens que je viens d'exposer.

Alors même que l'observateur le plus attentif ne discerne rien dans une eau qui semble d'une limpidité cristalline, il n'en existe pas moins une faune microscopique des plus intéressantes à laquelle on a donné le nom de *plankton*.

Sous cette désignation on comprend tous les constituants d'une sorte de poussière animale et végétale, de composition variable suivant les milieux, mais qui se rencontre sur toutes les mers. On y trouve un certain nombre d'êtres extrêmement petits, bien qu'à leur état de développement normal, ainsi que des algues minuscules, des larves, des œufs et des embryons de toutes sortes d'animaux marins.

Le plankton est naturellement soumis au jeu des courants, mais il est facile de comprendre que les conditions de densité et de température de l'eau sont aussi des facteurs primordiaux de sa qualité et de sa présence dans un endroit déterminé. Une quantité de poissons qui s'en nourrissent sont eux-mêmes poursuivis par d'autres plus gros, et ceci nous indique en quelle prodigieuse abondance il doit exister pour que les espèces ne disparaissent pas. Quant à la baleine, le plus gros des habitants de la mer, elle ferme le cycle en ce sens qu'elle se nourrit exclusivement de cette manne imperceptible.

Lorsque l'on connaîtra bien la distribution du plankton ainsi que la succession des poissons attirés à sa suite, on aura pour la pêche des renseignements précieux. En ce qui concerne la morue par exemple, on a cru constater il y a quelques années, que le hareng — sa proie à certaines époques — se nourrissait de petites espèces vivant dans une eau de température déterminée. Pour être assuré de faire une pêche de morue fructueuse,

Fig. 49. — La récolte du plankton au moyen du filet fin de Richard.

il suffirait donc de pêcher à une distance de la surface telle que les hameçons soient dans une zone ayant le nombre de degrés voulu. Un thermomètre plongeur permettrait facilement de la déterminer, et on en déduirait la profondeur à laquelle il convient d'envoyer les lignes [1].

1. Aucune conclusion formelle n'a encore démontré ces faits d'une façon rigoureuse, mais les observations déjà recueillies permettent de laisser espérer que des lois importantes pour la pratique, seront établies en poursuivant les recherches déjà commencées dans cette voie.

Au point de vue scientifique, l'étude du plankton est capitale, puisqu'on y rencontre une infinité d'êtres dans les premiers stades de leur existence.

La plupart d'entre eux augmentent de densité en se développant et descendent peu à peu vers les couches inférieures qui conviennent à leur vie normale lorsqu'ils ont atteint leurs tailles d'adultes.

Les quelques lignes que je viens de consacrer au plankton permettent de faire entrevoir de quelle importance est cette question. Il faudra encore bien des années de travail pour la connaître dans tous ses détails. En attendant, il faut que les savants ne manquent pas de matériaux et on devra leur en récolter toutes les fois qu'on en aura l'occasion.

Filet à plankton. — Le Dr Richard a imaginé un petit filet en soie fine (fig. 49) qui, est mis à la remorque du navire après avoir reçu un lest convenable.

On le relève suivant la richesse de la région, soit après 10 minutes, soit après une demi-heure d'immersion. L'eau est filtrée pendant la marche du bâtiment et lorsque le filet revient à bord, on constate qu'il contient une sorte de pâte de couleur variable suivant sa composition : c'est du *plankton*. Il faut l'examiner à la loupe pour en triller « grosso modo » les éléments, séparer les crustacés des larves de poissons, etc... et cet examen est curieux par la diversité des formes et des couleurs qu'il révèle.

On conserve provisoirement les espèces gélatineuses dans des bocaux contenant de l'eau de mer additionnée de 4 % de formol; les autres sont mises dans l'alcool.

Au retour de la campagne, cette récolte est répartie dans les laboratoires des spécialistes compétents.

PÊCHES SUR LE FOND

Les circonstances dans lesquelles l'existence d'une faune sous-marine avait été révélée, devaient attirer tout d'abord l'attention des travailleurs sur le fond même de la mer et la première idée qui leur vint à l'esprit fut d'adapter, dans la mesure du possible, au cas des grandes profondeurs, les méthodes de chalutage employées couramment par les pêcheurs ordinaires. Les engins ne pouvaient évidemment plus être aussi volumineux; de plus, il les fallait très lourds pour atteindre sûrement le fond et y rester pendant la marche du navire; enfin ils devaient être particulièrement résistants. La réalisation de tous ces desiderata devait aboutir à la construction d'appareils auxquels on donna le nom de *dragues*, à cause de la façon dont ils travaillaient sur le sol sous-marin.

Ce terme est certainement tout à fait exact; néanmoins on est assez souvent revenu à l'expression de *chalut* pour désigner des engins modernes basés sur le même principe, mais modifiés par les leçons de l'expérience.

Chalut à étriers. — Ce chalut (fig. 5o) est un sac de quatre ou cinq mètres de longueur constitué par un filet à larges mailles. A l'inté-

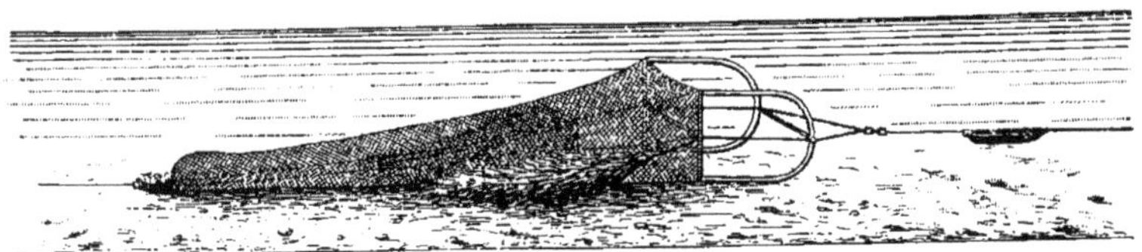

Fig. 5o. — Chalut à étriers.

rieur se trouve une *empêche,* c'est-à-dire une sorte d'entonnoir en filet également, dont le rôle est, en vertu d'un principe connu, de s'opposer à la sortie d'un animal qui s'est laissé prendre.

L'appareil est maintenu ouvert par une ferrure très lourde de forme spéciale qui lui a valu son nom. Elle se termine en effet par deux sortes d'étriers articulés qui sont reliés entre eux par une grosse barre métallique servant d'entretoise et aux extrémités de laquelle sont fixés les deux bouts de la *patte d'oie* qui termine le câble.

Cette barre est montée à charnière sur l'un des étriers, et elle n'est rendue solidaire de l'autre que par un simple amarrage en fil de chanvre qui malgré sa solidité se rompra en cas de résistance anormale, si le chalut rencontre un accident de terrain ou un obstacle insurmontable.

La rupture de cette *bosse cassante* fera que l'engin sera tiré de biais par un seul côté de sa ferrure, et il aura ainsi quelques chances de pouvoir glisser le long d'une roche au lieu de s'y ancrer.

Dans les fonds où la vase est molle et filtre facilement à travers les mailles, il peut être avantageux de placer un *faubert* [1] dans le bas du filet, mais en toute circonstance on n'oubliera pas d'en disposer deux à l'extérieur *en moustaches.*

Le rôle de ces derniers est très important : ils retiennent dans leur chevelure toutes espèces d'animaux qui s'y enchevêtrent; aussi, quand le chalut se déchire en passant sur un fond tourmenté, ils n'en rapportent pas moins quelque chose et le travail n'a pas été effectué en pure perte.

Voici quelle est la pratique de l'opération :

Dès que l'on est arrivé sur le lieu de pêche, on stoppe et on sonde selon les méthodes déjà connues du lecteur. Pendant ce temps, les hommes font passer le câble de la bobine autour de la poupée du treuil, puis au bout du mât de charge, et en dernier lieu dans la poulie du dynamomètre. Le chalut est ensuite fixé à l'extrémité du câble, avec interposition d'un émerillon; une *olive* en fonte est en outre fixée au sac pour lui servir de lest.

On laisse descendre l'appareil à la mer jusqu'à ce qu'il soit à cent

1. Paquet de vieux cordages peignés dont les marins se servent d'ordinaire pour le lavage du pont.

mètres du bord; à ce moment, on arrête l'opération pour fixer encore deux ou trois olives de 50 kilogr. sur le câble, de façon à assurer un meilleur travail sur le fond, puis on reprend le filage.

A priori, il semble qu'on puisse laisser courir le tout en débrayant le moteur; mais cette façon de procéder n'est pas sans danger, car il arrive un moment où le poids du câble déroulé tend à le faire couler beaucoup plus rapidement que le chalut. De plus les freins chauffent trop et risquent d'être mis rapidement hors d'usage.

Fig. 51. — Aspect du pont pendant la descente du chalut.

Le mieux est de s'armer de patience et d'immerger le filet en faisant fonctionner le moteur du treuil dans le sens convenable, à la vitesse d'environ 1.600 à 1.800 mètres à l'heure. La quantité de câble à filer pour les grandes profondeurs doit être en général d'un tiers supérieure au fond trouvé. Lorsqu'on travaille par 1.000 ou 2.000 mètres seulement, il semble préférable d'augmenter cette proportion.

On doit maintenir le navire immobile pour avoir le câble vertical jusqu'au moment où le compteur indique que l'engin va toucher le fond.

Il faut alors marcher lentement en avant pour éviter qu'il ne se forme des *coques*.

Lorsque le filage est terminé, le dragage commence à l'allure approximative de deux ou trois milles à l'heure. En général, la tension de la remorque augmente progressivement puisque le sac se remplit de vase, mais ce n'est pas une règle absolue. En tout cas, le dynamomètre est là pour signaler une résistance imprévue qui pourra forcer à stopper et à tourner parfois pendant des heures autour de l'obstacle pour chercher à dégager le chalut. Quand tout se passe normalement et surtout par des fonds de vase molle, les variations de tractions constatées ne sont pas assez appréciables pour permettre d'en tirer des conclusions, et c'est encore l'expérience de l'officier de manœuvre qui sera son meilleur guide. Il devra se rappeler que le chalut ne *travaille* pas assez lorsque la vitesse du bâtiment est insuffisante et qu'il quitte le fond si la marche devient trop rapide.

La meilleure méthode à suivre est donc d'augmenter progressivement le nombre de tours de la machine au début de l'opération et de le réduire ou même de stopper momentanément pour faire retomber l'appareil lorsqu'on craint d'avoir atteint une allure exagérée. A défaut de cette précaution, il peut arriver que le filet reste entre deux eaux pendant tout le cours du remorquage.

La durée du dragage est évidemment facultative. Par des fonds de vase molle filtrant facilement à travers les mailles, il est avantageux de le prolonger aussi longtemps que possible, tandis que s'il s'agit de vase dure, le sac est vite rempli et plus rien n'y pénètre après quelques instants. Une moyenne de deux heures paraît cependant convenable en général.

La remontée s'effectue en réduisant la vitesse du bâtiment au minimum nécessaire pour pouvoir encore gouverner. On surveille attentivement le dynamomètre tant que le filet est encore au fond et surtout au moment où il va le quitter. L'effort peut devenir considérable à cet instant précis, ce qui obligera à diminuer la marche du treuil.

Enfin le chalut arrive à la surface. Si le coup a été donné par 4.000 mètres, *et si tout s'est passé sans incident,* il aura fallu pour arriver à ce résultat : une heure et demie environ pour le sondage, trois heures pour immerger 5.000 mètres de câble et autant pour le remonter, en plus deux heures pour le dragage, soit en tout neuf heures et demie à dix heures de labeur incessant! Aussi l'engin ne revient-il souvent qu'à la nuit, ce qui force les opérateurs à travailler avec l'aide d'un puissant éclairage électrique. La rentrée à bord peut aussi être rendue particulièrement délicate par le poids du sac et par l'état de la mer. La quantité de vase accumulée pèse parfois plusieurs tonnes et si l'on tente de

Fig. 52. — Le chalut est rentré à bord; on ouvre le sac pour recueillir la vase dans le tamis.

sortir de l'eau cette masse énorme, le filet court de grands risques de se déchirer en laissant échapper tout son contenu. Le mieux, en pareil cas, est de continuer à remorquer le chalut à petite vitesse aux environs de la surface. Il se produit forcément un filtrage plus ou moins rapide suivant la nature de la boue ramenée et l'on arrive, en fin de compte, à la réduire à un volume acceptable pour procéder à l'embarquement de l'engin. Il s'agira tout de même d'une masse sérieuse et il faudra tenir le bâtiment *debout à la lame* pour l'empêcher de rouler, autant qu'on le pourra, afin de ne blesser personne au cours de la manœuvre. En définitive, on doit amener cet énorme sac au-dessus des bailles où il doit être vidé (fig. 52). La vase est ensuite transportée par pelletées dans les tamis.

Ceux-ci sont superposés et forment une sorte de cylindre divisé en trois étages dont les fonds sont, pour le premier, un treillis en fer à mailles relativement larges et, pour le deuxième, un treillis à mailles plus petites; quant au troisième, il est constitué par une toile métallique très fine. Des orifices ménagés à la partie inférieure de l'ensemble permettent à l'eau de s'écouler.

Une partie de la vase est vidée dans le tamis supérieur, puis un jet d'eau permanent est maintenu au-dessus par les marins employés à la manœuvre. La boue dissoute est entraînée petit à petit. Lorsqu'elle a complètement disparu, il reste sur le tamis supérieur un certain nombre d'animaux. Ceux qui auraient pu passer à travers les mailles sont arrêtés par l'un des deux autres filtres et on les recueille aisément.

Ce travail, très salissant pour ceux qui s'y livrent, dure parfois plusieurs heures. Il faut y apporter beaucoup d'attention et de minutie, pour ne rien laisser perdre des précieux matériaux que l'on cherche. L'examen des fauberts nécessite peut-être plus de patience encore. On les lave d'abord avec soin, puis on en retire un à un, avec précaution, les organismes souvent délicats qui sont empêtrés dans cette épaisse chevelure de chanvre. On devra se servir de pinces, de ciseaux fins, etc... et surtout ne pas céder à un moment d'énervement pour en avoir fini plus vite.

Le chalut à étriers est toujours fructueux en résultats divers. Grâce à lui, tout un monde nouveau a été découvert en quelques années. Il ramène non seulement les animaux qui vivent dans la vase ou sur le sol, mais souvent aussi des poissons de grand fond. Malheureusement, la façon même dont il travaille est forcément brutale et trop souvent hélas ! certaines captures fragiles n'arrivent pas en très bon état.

Spécimens de captures faites avec le chalut à étriers.

OURSIN MOU : Sperosoma Grimaldii (fig. 53). — Cet échinoturide a été pêché à bord de la *Princesse Alice,* dans les parages des Açores, par des fonds de 2.000 mètres environ. Les piquants de cet animal, qui constituent ses moyens de défense, sont recouverts de capuchons remplis de venin. Lorsqu'on les touche, les pointes brisent ces capuchons en se garnissant de poison et elles occasionnent ainsi des piqûres assez douloureuses.

HOLOTHURIE : Psychropotes Grimaldii (fig. 54). — Les holo-

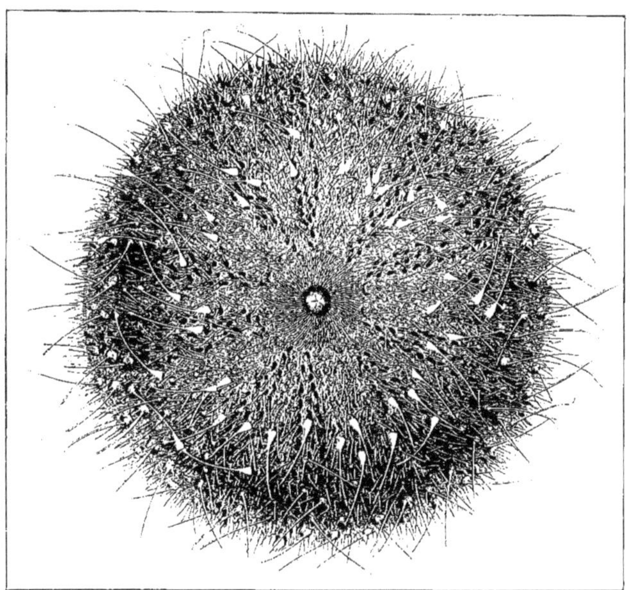

Fig. 53. - Sperosoma Grimaldii.

thuries se trouvent à toute profondeur; on sait qu'il en est d'une certaine sorte que les Chinois aiment à manger. Elles se traînent sur le sol comme pourrait le faire une grosse chenille. Leur bouche est garnie de quelques tentacules et elles se nourrissent à la façon des vers de terre. Elles absorbent ainsi de la vase et y trouvent leurs éléments nutritifs dans les animalcules (globigérines, radiolaires, etc.) qui y sont contenus.

Les holothuries des grands fonds sont souvent colorées en rose ou en violet et leur peau est extrêmement dure; certaines espèces paraissent avoir la faculté de quitter le fond, car on en a capturé avec des engins qui étaient manœuvrés entre deux eaux.

POISSONS : a) Halosauropsis macrochir (fig. 55). — Des spécimens de ce type, atteignant jusqu'à 60 centimètres de longueur, ont été pris dans les parages des Açores, à des profondeurs variant de 2.000 à 3.000 mètres.

Ce poisson est remarquable par sa forme étrange et par la disposition d'une de ses lignes d'écailles, portant toutes en leur centre un organe lumineux qui peut éclairer ou non, suivant le fonctionnement de volets agissant à la façon de paupières dont chacune de ces écailles spéciales est munie.

b) Macrurus holotrachys (fig. 56). — Les macrurus sont des animaux certainement très communs dans les grandes profondeurs et l'on en possède des types assez divers, qui ont été pris au chalut entre 2.000 et 4.000 mètres. Ils varient dans leurs détails, mais ils sont tous caractérisés par leur grosse tète, leur aileron dorsal et leur queue effilée.

CREVETTE : Plesiopeneus Edwardsianus (fig. 57). — Les crustacés existent en quantité innombrable dans la mer et s'y trouvent, selon leurs espèces, à toutes les profondeurs. Ils sont plus généralement colorés de l'orangé au rouge, mais il en existe aussi de translucides et de noirs. Les antennes, c'est-à-dire les organes de tact, sont presque toujours très développées, peut-être, d'après certains auteurs, à cause de la nuit qui règne dans les abîmes.

La crevette dont je donne le dessin est une des plus belles prises effectuées à bord de la *Princesse Alice*. Au sortir de l'eau elle était d'un rouge carmin éclatant. Sa taille est de 30 centimètres; quant aux antennes, elles ont plus d'un mètre de longueur.

ÉTOILE DE MER : Hymenaster (fig. 58). — On en trouve de nombreuses variétés à des profondeurs diverses. Celle-ci est d'une magnifique couleur rose à reflets multiples. — Elle a été prise dans le golfe de Gascogne par un fond de 2.200 mètres.

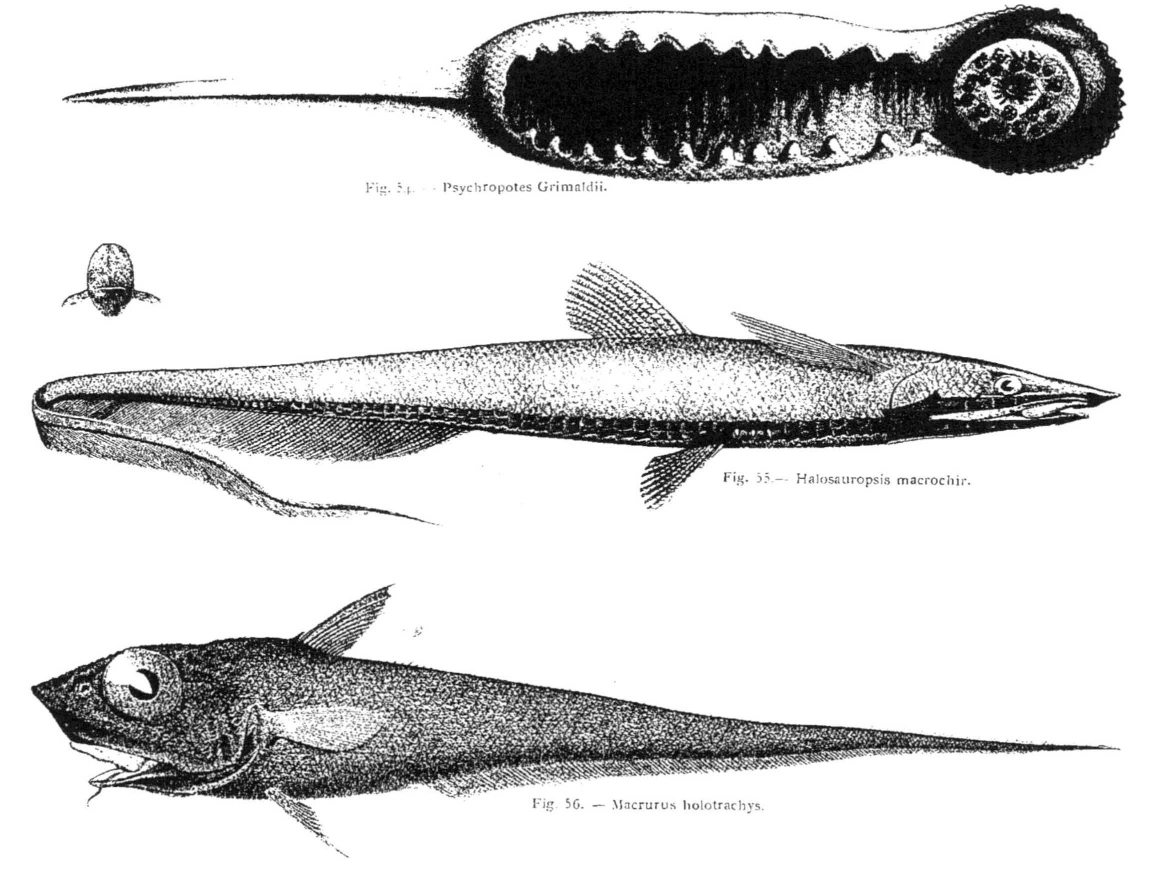

Fig. 54. — Psychropotes Grimaldii.

Fig. 55. — Halosauropsis macrochir.

Fig. 56. — Macrurus holotrachys.

Barre à fauberts. — L'emploi du chalut à étriers est forcément limité à la nature du fond; dès qu'on a affaire à de la roche, on est sûr de le perdre. On doit d'autant plus le regretter que ces fonds difficiles contiennent de grandes richesses. A défaut de mieux, le Prince de Monaco a eu l'heureuse idée d'employer l'appareil rudimentaire représenté par la figure 59.

Les fauberts travaillent à la façon des moustaches du chalut et les matériaux rapportés de la sorte (*corail*, *éponges*, *ophiures*, etc.) ont souvent été du plus grand intérêt.

Chalut à plateaux. — Cet engin est, à vrai dire, destiné plus spécialement à la pêche alimentaire et son emploi s'est rapidement généralisé au point de vue commercial. J'en parle cependant, parce qu'on a songé à l'employer, même par des profondeurs assez grandes, malgré la résistance qu'il oppose à la traction.

Fig. 58. — Hymenaster.

C'est en somme une poche prolongée par deux ailes qui elles-mêmes sont fixées à des plateaux lestés et équilibrés de telle sorte que la marche en avant du navire tende à les faire diverger (fig. 60).

Les pêcheurs qui emploient cet appareil — presque tous des chalutiers à vapeur maintenant — fouillent des fonds de plus en plus grands, dépassant parfois 500 et 600 mètres. Indépendamment des résultats pratiques qu'ils obtiennent ainsi, ils doivent capturer parfois des espèces curieuses et il serait à souhaiter qu'on trouve un moyen de faire appel au concours qu'ils pourraient ainsi apporter à la science.

A bord de la *Princesse Alice*, on a eu l'intention d'essayer un jour cet appareil par une profondeur de plus de 3.000 mètres. A vrai dire, le fond

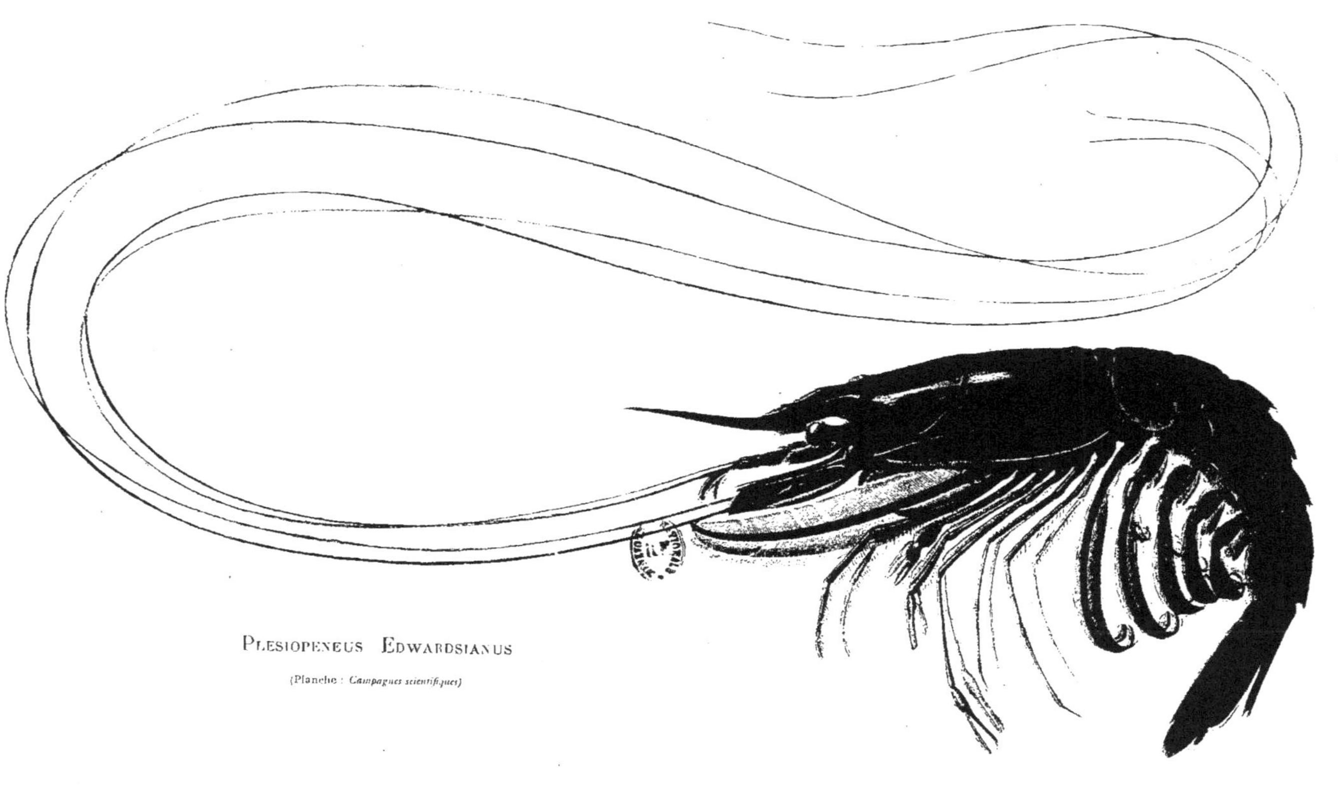

PLESIOPENEUS EDWARDSIANUS

(Planche : *Campagnes scientifiques*)

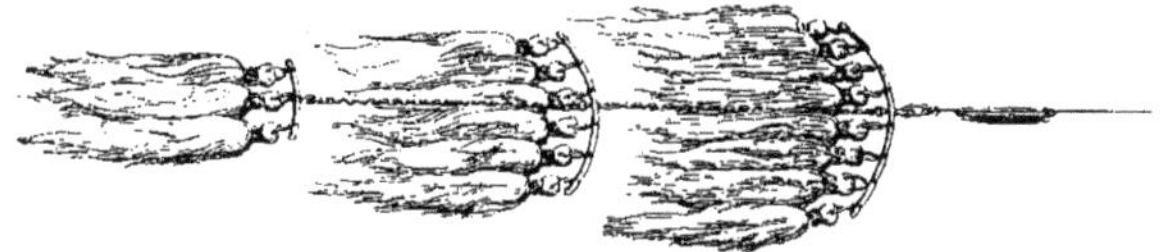

Fig. 59. — Barre à fauberts.

ne fut pas atteint et le filet dut rester entre deux eaux, à peu de distance du sol.

On n'en obtint pas moins quelques animaux remarquables et en particulier des céphalopodes nouveaux.

La manœuvre de ce chalut est assez délicate. Il faut immerger chaque plateau l'un après l'autre (fig. 61), en filant de façon convenable leur câble de retenue respectif, pour que la divergence se produise bien et qu'aucun embrouillage ne survienne. Par de petits fonds, on peut ainsi chaluter sur deux *funes;* par de grandes profondeurs, il faut, lorsque l'écartement

Fig. 60. — Chalut à plateaux. (La courbure du sac a été exagérée pour mieux faire comprendre le fonctionnement de l'appareil: en réalité il est presque à plat sur le fond.)

Fig. 61. — Mise à l'eau d'un plateau de chalut.

est obtenu, *marier les funes*, afin de n'avoir plus qu'une seule remorque. Tout cela demande une grande pratique et n'est guère commode qu'à bord de navires spécialement aménagés en vue de cette pêche.

Nasses. — Tout le monde connaît les nasses employées, soit en mer, soit en rivière. Leurs modèles varient, depuis la classique bouteille à fond conique destinée à pêcher des goujons, jusqu'au casier à carcasse d'osier, muni d'ouvertures formant empêches, couramment employé partout.

Fig. 62. — Le chalut est rentré à bord ; les poissons sont sortis du sac et jetés dans des bailles.

Supposant avec raison que le principe de ces sortes de pièges pourrait être avantageusement utilisé à n'importe quelle profondeur, le Prince de Monaco a fait établir une nasse destinée aux grandes explorations. C'est un appareil de forme triédrique dont la figure 63 donne une idée suffisante. Il va de soi que les matériaux employés doivent être d'une grande solidité. Cette nasse porte aux quatre angles de sa base des sacs de lest qui doivent assurer son équilibre et son immersion rapide. De plus, elle est percée en son axe de deux ouvertures munies de galets destinés à éviter tout frottement le long du câble sur lequel elle glissera pour se rendre au fond.

Fig. 63. — Préparation d'une nasse.

Fig. 64. — La nasse file en *messager* sur le câble.

Il s'agit en somme d'envoyer l'engin au fond

de la mer et de le relier à la surface par un câble fixé à une bouée. La quantité de filin d'acier à employer dépend naturellement de la profondeur, et il faut pouvoir facilement en filer juste le nécessaire sans être obligé de couper ce qu'il y a de trop. Cette considération a conduit à faire établir une bobine de manœuvre en tout semblable à celle déjà décrite en ce qui concerne le chalut, mais sur laquelle s'enroule un câble spécialement affecté au travail des nasses et qui est constitué par une série de bouts de 500 mètres reliés les uns aux autres par des amarrages solides que l'on peut trancher à volonté.

Prenons le cas d'un fond de 4.350 mètres [1]. Il semblerait à priori qu'on doive filer neuf bouts de 500 mètres (soit 4.500 mètres); mais en opérant de la sorte on commettrait une grave erreur, car le câble aurait *du mou*, puisque 150 mètres traîneraient sur le fond, où ils formeraient les *coques* fatales dont il faut tant se méfier. Il est donc nécessaire avant tout de terminer le câble par des matériaux ne faisant pas courir un tel risque. On fixera à son extrémité soit une corde, soit une petite chaîne d'une centaine de mètres de longueur. La quantité de câble restant à filer sera de 4.250 mètres, mais, grâce à l'adjonction du bout supplémentaire, on pourra en filer 75 mètres de plus sans risquer des coques, soit 4.325 mètres. Or, huit bouts ne donneraient que 4.000 mètres, il faut donc en employer neuf, mais on aura ainsi 175 mètres de trop. J'indique plus loin comment on procède pour parer à cet inconvénient.

La nasse est amorcée avec des débris de poissons et munie de quelques objets brillants (vieilles assiettes, porcelaines cassées, etc.) qui peuvent attirer l'attention des poissons. On la place dans les haubans, sous le mât de charge et à l'aplomb du câble qui la traverse. Celui-ci est muni d'un fort lest en fonte et, tandis que l'on manœuvre le bâtiment comme pour un sondage, c'est-à-dire de façon à le maintenir immobile, on commence le filage qui doit être fait aussi verticalement que possible. Lorsque le compteur indique le chiffre 4.325, on stoppe le treuil et on *bosse* le câble fortement en un point approprié du pont [2].

On déroule ensuite les 175 mètres qui restent pour arriver à l'*ajut*

1. Il va de soi que l'immersion d'une nasse est toujours précédée d'un sondage.
2. *Bosser* signifie fixer au moyen d'un cordage supplémentaire appelé *bosse*.

du bout suivant[1] que l'on coupe. On forme une *glène*, c'est-à-dire un paquet soigneusement enroulé de ces 175 mètres et l'on fixe câble et glène à l'anneau qui se trouve à la partie inférieure d'une grosse bouée semblable à celles employées dans le service des câbles télégraphiques. Cette bouée a été au préalable saisie dans les haubans.

On coupe maintenant les liens qui retiennent la nasse, et elle file

Fig. 65. — Il n'y a plus qu'à amener la bouée pour terminer l'opération.

comme un messager sur la ligne d'acier (fig. 64). La bouée est alors suspendue au palan de bout de vergue et la bosse mentionnée plus haut est *larguée* avec précaution, pour éviter autant que possible les chocs.

A ce moment, il n'y a plus de câble à bord et tout le système est suspendu à la bouée (fig. 65), qu'on amène à la surface de la mer, puis on rentre le palan.

Ces explications montrent que l'opération exige beaucoup de soin. Elle est rendue difficile par les efforts qui entrent en jeu : il ne faut pas oublier, en effet, que le poids du câble représente plusieurs tonnes, que

1. Le terme *ajut* désigne la liaison de deux bouts de câble ensemble.

la bouée est d'une taille respectable et que les roulis la rendent d'un maniement souvent dangereux.

Une nasse reste ordinairement plusieurs jours au fond de l'eau. Pour ne pas la perdre de vue pendant la nuit, on fixe un fanal sur la bouée, mais le mauvais temps peut contraindre le bâtiment à s'en éloigner; c'est alors l'affaire des officiers du bord de la retrouver en faisant les observations astronomiques nécessaires avec leurs sextants.

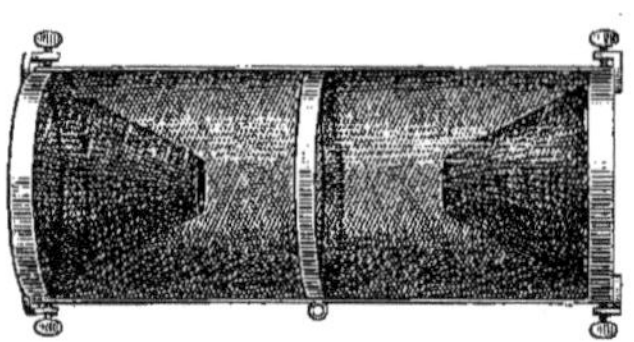

Fig. 66. — Petite nasse cylindrique en toile métallique très fine qui est placée à l'intérieur de la grande.

Les opérations de relevage se font en sens inverse de celles que l'on vient de lire; elles sont peut-être plus délicates encore. L'arrivée de la nasse à bord attire toujours une légitime curiosité, car on sait que cet engin a souvent ramené des espèces très curieuses; parfois même, on a pris avec lui des crevettes rares, en si grande abondance, qu'il a été permis à l'état-major d'en consommer une partie comme hors-d'œuvre.

Ce piège, tel que je viens de le décrire, ne pourrait capturer toute une faune minuscule qui passerait à travers les mailles du filet. Aussi, place-t-on à l'intérieur deux petites nasses cylindriques (fig. 66) en toile métallique très fine qui se chargent fructueusement de cette partie de la besogne.

Spécimens de captures faites avec la nasse.

CRUSTACÉ : Geryon affinis (fig. 67). — L'heureuse idée d'utiliser les nasses par de grands fonds a permis de prendre toute une série d'animaux marcheurs ou rampants : des crabes de toute espèce ont été ainsi capturés. Comme exemple, je cite le *Geryon affinis*, pris aux environs des Açores, par 1.400 mètres de fond. Soixante-quatre de ces crustacés ont été ramenés au cours de la même opération, et, fait singulier à noter, plusieurs d'entre eux étaient restés suspendus à l'extérieur de l'appareil, d'où ils auraient pu s'échapper en écartant simplement leurs pinces!

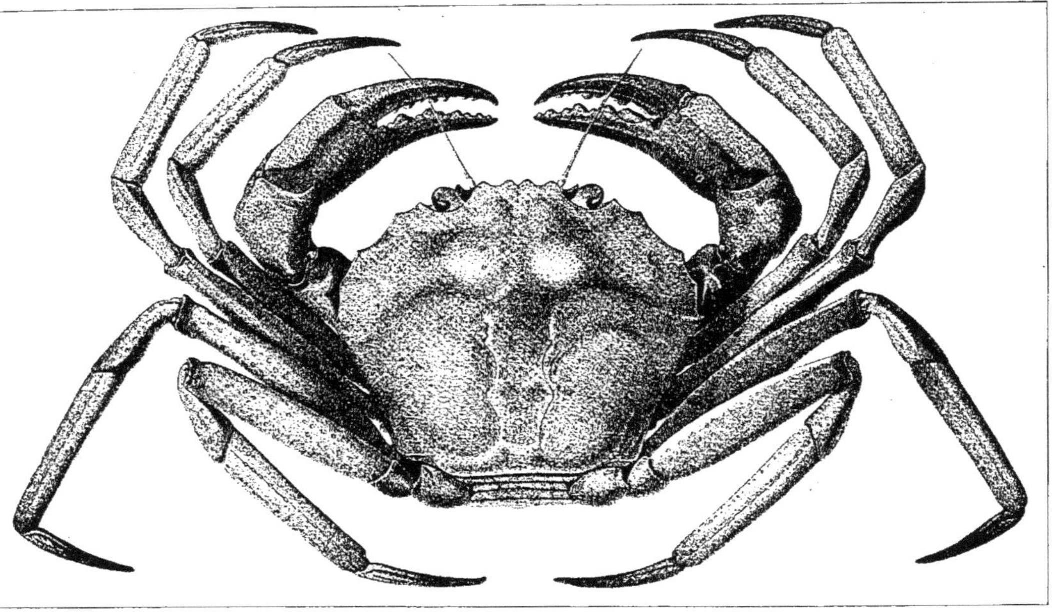

Fig. 67. *Geryon affinis.*

Ce crabe est remarquable tant par ses dimensions que par ses jolies couleurs.

Fig. 68. — Simenchelys parasiticus.

POISSONS : Simenchelys parasiticus (fig. 68). — Ce poisson singulier appartient à la famille des murénidés, mais c'est ce que l'on pourrait appeler un parent pauvre! Je ne connais rien de plus écœurant que le mucus abondant et épais qu'il sécrète et dont on a grand'peine à se débarrasser quand on l'a eu entre les mains. Sa bouche est conformée de telle sorte qu'il paraît devoir se nourrir surtout par succion; il vit donc probablement sur des cadavres; cependant on cite des cas où on l'aurait trouvé adhérent à des poissons vivants.

Les simenchelys ont été pêchés depuis 400 mètres jusqu'à 2.600 mètres. On les a considérés comme d'une espèce rare jusqu'au jour où on en prit (par 1.260 mètres de fond) plus de mille en une seule opération.

Les grandes nasses ont capturé de nombreux genres de poissons; celles en toile métallique ont fait connaître des petits crustacés très intéressants dont le rôle principal semble être de faire une véritable voirie de la mer en se nourrissant de tous les cadavres d'animaux qui disparaissent ainsi avant d'avoir pu entrer en putréfaction.

Trémail de profondeur. — Je dirai quelques mots seulement de ce dispositif imaginé par le Prince de Monaco, car la figure 69 le représente dans son ensemble d'une façon très claire.

Il s'agit d'envoyer un trémail par un grand fond et de le faire travailler à la façon de ceux employés par nos pêcheurs sur les côtes. L'équilibre du filet est obtenu par des plombs qui doivent l'entraîner vers le fond, tandis que sa ralingue supérieure est garnie de lièges spécialement préparés pour ne pas perdre leur flottabilité sous l'effet de la compression.

On voit que l'opération consiste à immerger un premier câble comme

Fig. 69. – Schéma du mouillage d'un trémail de profondeur.

on le ferait pour une nasse, puis un second qui vient du bâtiment. Ce travail préparatoire est déjà long et minutieux. L'envoi du trémail est chose délicate, enfin il faut manœuvrer le bâtiment sans cesse pour le tenir à distance constante de la bouée. Tout ceci ne peut donc réussir qu'au prix de grands efforts et par très beau temps. Ce n'est pas là un procédé de pêche courant.

Palancre. — Le palancre est un chapelet d'hameçons amorcés qui repose sur le fond et qu'on relève au bout de quelques heures d'immersion. Ce mode de pêche pratiqué en mer et en rivière a dû être adapté aux exigences d'un emploi dans les grandes profondeurs. Il a fallu notamment trouver le moyen d'éviter l'embrouillage de la ligne, lorsqu'on la file trop vite pendant la descente.

Voici la méthode sûre et rapide à laquelle on s'est arrêté à bord de la *Princesse Alice :* On commence par envoyer un poids sur le fond, comme s'il s'agissait de sonder, puis une embarcation quitte le navire en filant derrière elle le palancre préalablement boëtté, lesté, et muni d'émerillons pour éviter les torsions.

Lorsque tout est mis à l'eau, on lâche du bord le lourd carré à galets sur lequel est fixé une des extrémités de la ligne et qui est disposé de façon à courir *en messager* le long du câble de sondage. Aussitôt après, le personnel du canot jette à la mer le *cerf-volant* en cuivre qui termine le palancre. Cet instrument auxiliaire, qui est très lourd, a son équilibre réglé de façon à diverger de sa remorque sous l'influence des filets d'eau qu'il rencontre. Il en résulte que le palancre reste parfaitement tendu pendant toute sa descente (fig. 70).

Le cerf-volant est donc absolument nécessaire pendant la première phase de l'opération, mais s'il devait remonter comme il est descendu, il créerait une résistance désormais inutile et qui pourrait provoquer la rupture du petit câble d'acier. Pour obvier à cet inconvénient, j'ai imaginé le dispositif montré par la figure 71 : les deux brins inférieurs de la patte d'oie aboutissent à une latte en cuivre L, fixée elle-même au corps de l'appareil par une pièce oscillante S dont la partie supérieure forme une sorte de verrou.

Lorsque l'instrument touche la vase, la spatule S s'y encastre et tourne autour de son axe en libérant la latte L; il en résulte que le cerf-volant remonte de champ puisqu'il n'est plus tenu que par les deux attaches supérieures.

Lorsque le palancre a suffisamment travaillé (deux heures paraissent être une bonne moyenne), on le relève avec la machine à sonder dont la vitesse sera réglée de façon à ne pas atteindre une tension dangereuse pour le câble. Ce mode de pêche a donné de très heureux résultats par

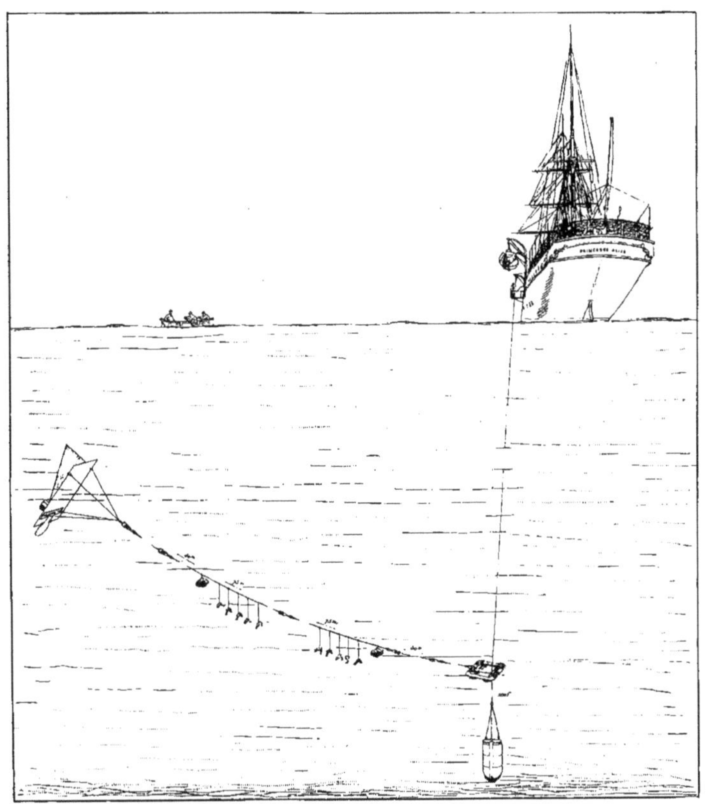

Fig. 70. — Schéma d'une opération de palancre.

des fonds ne dépassant pas 2.000 mètres. Je ne me souviens que d'une prise faite à 2.200 mètres. Les poissons capturés de la sorte (en général des squales) sont parfois mal accrochés aux hameçons; aussi, dès qu'on les voit arriver à la surface, on les accompagne pour plus de sûreté avec un haveneau (fig. 72). Il n'est pas rare de prendre des femelles qui mettent leurs petits au jour en arrivant le long du bord; on les rattrape égale-

Fig. 71. — Déclanchement de la patte d'oie inférieure du cerf-volant.

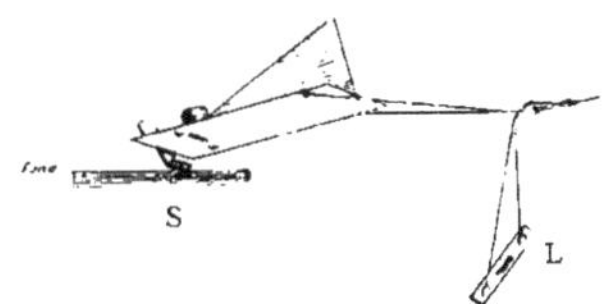

Fig. 72. — La plate-forme pendant le relevage d'un palancre. On tient un haveneau prêt à attraper les poissons qui se décrocheraient.

ment avec des épuisettes. Rien ne peut donner une idée de la voracité de ces animaux. Il nous est arrivé d'en prendre qui avaient réussi à arracher plusieurs de nos gros hameçons. J'en ai vu un qui avec trois crocs dans l'estomac et un quatrième accroché à la mâchoire inférieure, ne s'en était pas moins attaqué encore à un cinquième qui, celui-là, fut la cause de sa perte!

Spécimens de poissons pris au palancre.

a) *Centroscymnus cœlolepis* (fig. 73). Ces squales, qui n'ont pas de vessie natatoire, reviennent souvent vivants à la surface de l'eau; j'ai donné déjà une idée de leur voracité. Ils ont un foie d'un volume considérable qui remplit presque tout leur corps. Leur peau est brunâtre et rugueuse et leurs yeux sont d'un beau vert émeraude. Ces animaux doivent probablement se nourrir de cadavres ou de débris divers. On en a pris jusqu'à 2.200 mètres de profondeur. Leur chair est comestible et rappelle celle d'une raie.

b) *Pseudotriacis microdon* (fig. 74). — On ne connaît, à l'heure actuelle, que trois exemplaires de ce poisson. Celui pêché par le Prince de

Fig. 73. — Centroscymnus cœlolepis.

Monaco, près des îles du cap Vert, à la profondeur de 1.477 mètres, mesure trois mètres de longueur. Il est curieux par la petitesse de ses dents, qui ne paraissent pas en rapport avec la grande taille du sujet.

Ligne à main. — Oserai-je après avoir décrit tant d'engins spéciaux, terminer la nomenclature des procédés de pêche sur le fond en parlant de la vulgaire ligne à main? Assurément! Car il y a des cas où l'océanographe ne doit pas dédaigner les petits moyens. C'est principalement sur les bancs isolés comme il s'en trouve au milieu des profondeurs de l'Océan que l'on prend ainsi une quantité prodigieuse de poissons incomparables tant par leurs dimensions que par leurs poids. Ceci est instructif et nous y trouvons une preuve que l'industrie de la pêche est mal organisée sur nos côtes.

Fig. 74. — Pseudotriacis microdon.

Fig. 75. — Une pêche à la ligne sur le banc Gorringe. Les pêcheurs sont, de gauche à droite : Prince de Monaco, Tinayre (peintre), Dr Richard (Directeur du Musée), Fuhrmeister (secrétaire), Dr Louet (médecin du bord).

En tout temps et en toute saison le poisson est

traqué avec des engins de plus en plus perfectionnés qui capturent tout sans distinction de taille. Les fonds sont littéralement raclés et de cette destruction intensive il résulte que le poisson commence à se faire plus rare. Quant aux beaux spécimens ils le sont encore davantage, puisqu'on ne donne aucun répit au fretin pour lui laisser atteindre son développement complet! Le littoral devrait être divisé en sections qui seraient exploitées suivant un roulement bien défini; la reproduction se ferait ainsi aisément dans les endroits laissés en repos. L'idée n'est pas neuve en principe; elle a été appliquée en ce qui concerne le chamois dans un pays où la chasse est pourtant libre : la Suisse. Grâce au système des *cantonnements*, ce gibier, qui avait presque disparu, y est redevenu abondant.

A titre de curiosité et pour montrer, par un exemple frappant, comment les choses se passent sur des fonds respectés, je citerai le cas d'une pêche faite à bord de la *Princesse Alice*, sur le banc Gorringe en 1910. Quinze personnes (matelots et membres de l'État-Major) s'amusèrent à pêcher à la ligne pendant environ huit heures. Les mostèles, les maquereaux, les dorades, les murênes, les mérous, les vieilles, etc..., ne cessaient d'être jetés sur le pont où une équipe avait grand'peine à les vider. Le poids net des prises au bout de ce laps de temps atteignait le chiffre formidable de 530 kilogr., en espèces de toute beauté. On aura une idée de leurs dimensions quand j'aurai dit que d'un seul maquereau on fit un plat suffisamment copieux pour huit convives!

PÊCHES DANS LES ZONES INTERMÉDIAIRES

Filets à ouverture commandée. — Le titre même de ce chapitre montre les difficultés que les océanographes ont tenté de résoudre pour établir des engins conçus de telle sorte qu'il ne puisse y avoir aucun doute sur les profondeurs d'où proviennent les animaux capturés. Les chercheurs se sont efforcés en conséquence de construire des filets qui, descendus et remontés fermés, ne s'ouvriraient que pendant la période ascensionnelle correspondant à la zone à explorer.

Divers appareils commandés, fonctionnant au moyen d'hélices ou de messagers, ont été inventés par TANNER, SIGSBEE, GIESBRECHT, CHUN, LE PRINCE DE MONACO, etc., etc. Mon intention n'est pas de les décrire car, à mon avis, leur usage n'a pas donné toute satisfaction par cette raison bien simple que la nature même des mécanismes provoquant l'ouverture et la fermeture de ces instruments les condamne *ipso facto* à avoir une entrée assez petite. Aussi la quantité d'eau filtrée étant relativement faible, les pêches sont peu fructueuses. Les résultats recueillis ont, il est vrai, l'avantage indéniable de fixer l'opérateur sur la zone exacte où la prise d'un animal a été effectuée, mais le renseignement n'est pourtant pas complet malgré la peine dépensée pour l'obtenir, car rien ne prouve que cet animal existe exclusivement dans la couche explorée. Il peut très bien en fréquenter d'autres sans s'y faire prendre par l'engin et on n'aura pas le droit d'en tirer de conclusion négative, car ces filets spéciaux sont si peu *péchants* que la capture de la plupart des poissons n'est due qu'à un heureux hasard.

Or, dans l'état actuel de l'Océanographie, science encore à ses débuts, l'essentiel me paraît être de prendre d'abord le plus d'espèces nouvelles qu'il est possible, quitte à déterminer plus tard quel est leur habitat exact. Ces considérations personnelles expliquent pourquoi je ne suis pas partisan des filets à ou- verture et à ferme- ture commandées, en ce qui concerne du moins leur em- ploi dans la pratique courante.

Fig. 76. — Descente du filet vertical.

Je pense tout au- trement s'il s'agit de l'étude spéciale du plankton des zo- nes intermédiaires. L'emploi des filets fins de ce genre s'impose alors ab- solument et c'est grâce à eux qu'on a pu acquérir des notions précises sur certaines migrations diurnes et noctur- nes de la faune mi- croscopique précitée.

Ils ont aussi per- mis de suivre le dé- veloppement d'une foule d'espèces qui vivent à des profon- deurs très variables aux différents sta- des de leur existence première.

Mais, hors le cas particulier de la récolte du plankton, je trouve de beaucoup supérieur à tous les autres, l'engin très simple dont je parle dans les lignes suivantes.

Filet vertical Richard. — Cet appareil est une simple poche en toile d'emballage ordinaire, munie d'une empêche faite de la même matière. L'ouverture carrée de trois mètres de côté est consolidée par des boyaux en toile à voile dans lesquels glissent quatre barres de fer qui sont boulonnées entre elles à leurs extrémités (fig. 76).

La poche est terminée, à sa partie inférieure, par un manchon sur lequel on amarre un seau en cuivre qui forme le fond de l'engin. Le filet est suspendu à l'émerillon qui termine le câble, au moyen d'une patte d'oie fixée par ses quatre brins aux angles du cadre. De ceux-ci partent quatre autres bouts de longueur convenables, qui supportent le seau et le lest placé au-dessous. Ce dispositif évite tout effort inutile à la toile.

La manœuvre du filet Richard est très facile : on l'immerge à la profondeur voulue, et on le ramène ensuite à bord aisément, car il pèse très peu. Pendant la remontée les couches d'eau rencontrées filtrent rapidement à travers la toile d'emballage en abandonnant dans la poche les animaux qui y nageaient. Quand le filet sort de la mer, tout le liquide s'écoule, à l'exception de celui qui reste dans le seau, où tout le produit de la pêche va s'accumuler comme dans un petit aquarium.

Aussitôt que le récipient métallique arrive à bord, on le détache et on le vide dans des bacs en verre disposés sur une table à cet effet (fig. 77). La récolte est toujours très bonne et se compose d'une foule d'animaux

Fig. 77. — Retour du filet vertical. Le contenu du seau sera versé dans les bocaux disposés sur une table qu'on voit à l'arrière-plan.

variés : (*méduses de fond, siphonophores, crustacés, copépodes, petits poissons, larves*, etc.) qu'on s'empresse de trier de façon à mettre les diverses espèces dans des bocaux contenant un liquide conservateur approprié à chacune d'elles.

Il est presque toujours nécessaire de verser un peu d'une solution de formol dans les bacs où l'on a provisoirement transvasé le contenu du seau, et cela, afin de tempérer définitivement l'ardeur de tous ces êtres dont beaucoup continuent tranquillement à s'entre-dévorer. Il est donc possible que certains animaux nous soient encore inconnus, parce que — plus faibles que les autres — ils sont mangés avant d'arriver à la surface !

Le filet Richard est, de tous les appareils employés entre deux eaux, celui qui a fait faire le plus de découvertes dans la petite faune habitant les zones intermédiaires. Toutefois les partisans des systèmes à ouverture et à fermeture commandées ont objecté que les animaux capturés provenaient d'une profondeur qu'il était impossible de déterminer, d'où une lacune très grave au point de vue océanographique. Cette façon de voir n'est pas judicieuse à mon avis, car mieux vaut prendre des centaines de spécimens nouveaux avec un appareil donné que d'en attraper un seul avec un autre, pour la seule satisfaction de savoir exactement d'où il vient. Et d'ailleurs, lorsque les pêches faites avec le filet Richard à des profondeurs variées auront été suffisamment multipliées, nous serons fixés sur les habitats de chaque espèce. La statistique montrera en effet que tels sujets sont pris dans les opérations faites entre 0 et 500 mètres, mais que tel crustacé, par exemple, n'aura été capturé que dans les cas où l'on aura été à 1.500 mètres. Après un certain nombre d'expériences donnant des résultats similaires, on pourra en déduire que ce crustacé ne se trouve décidément qu'aux environs de 1.500 mètres et on sera peu à peu renseigné de la sorte pour tous les autres animaux.

J'ai, à plusieurs reprises, dans le but de gagner du temps, combiné avec succès l'opération du filet vertical avec celle du palancre. Dans ce cas, on leste l'extrémité inférieure du chapelet d'hameçons avec un poids quelconque et, lorsque le navire est sensiblement immobile, on le file lentement du bord. On a, au préalable, eu la précaution de le prolonger avec un filin de 200 à 250 mètres dont le point de départ est fixé à l'olive placée sous le seau du filet. Lorsque le palancre est immergé, on descend le filet vertical jusqu'à 100 mètres du fond et, au lieu de le remonter tout de suite, on le laisse ainsi un certain temps. Comme le navire n'est jamais rigoureusement immobile, mais dérive toujours un peu sous l'influence du vent et des courants, il en résulte que la ligne s'étend régulièrement sur le sol en y arrivant. Le travail se fait très normalement et, quand on remonte le filet, on a du même coup une pêche de fond souvent très fructueuse.

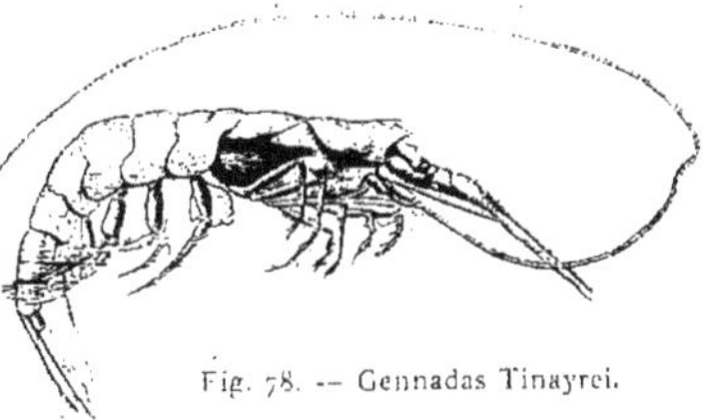
Fig. 78. — Gennadas Tinayrei.

Spécimens de captures faites avec le filet vertical.

CREVETTE. — *Gennadas Tinayrei* (fig. 78). — Le nombre de crevettes diverses prises avec le filet vertical est si considérable que j'ai eu quelque peine à en choisir une plutôt qu'une autre pour en montrer un spécimen au lecteur. Celle-ci est d'un beau rouge orangé et a les formes curieuses que l'on peut voir sur le dessin. Elle a été naturellement capturée entre deux eaux, puisque prise avec le filet Richard.

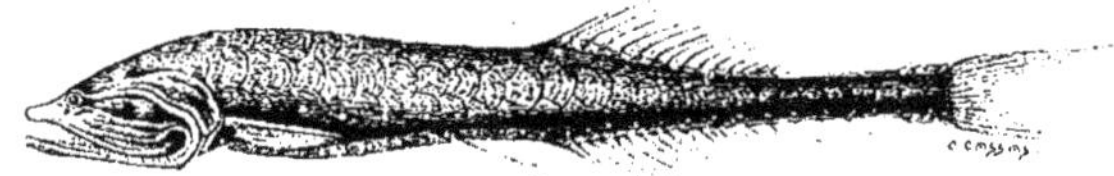
Fig. 79. — Cyclothone microdon.

POISSONS : *a*) *Cyclothone microdon* (fig. 79). — Ce petit poisson, qui atteint sept ou huit centimètres à l'état adulte, est d'un beau noir velouté. Il y en a un assez grand nombre dans l'Océan.

b) *Argyropelecus* (fig. 80). — Cette espèce vit à une assez grande profondeur; cependant on trouve accidentellement des sujets morts à la surface. Ceux que l'on prend sont généralement petits, mais on en connaît qui atteignent une dizaine de centimètres de longueur.

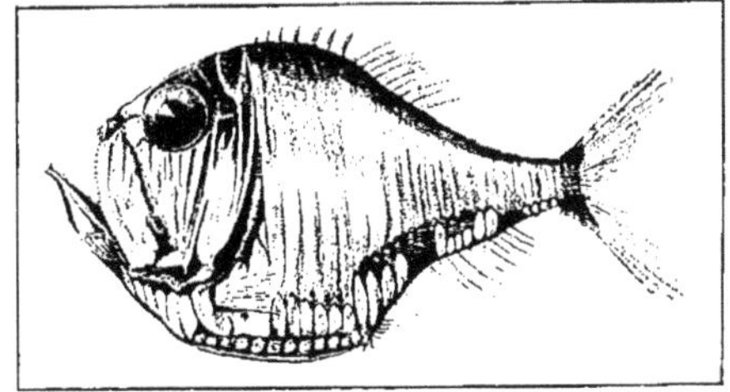
Fig. 80. — Argyropelecus.

Ce poisson est remarquable par les reflets argentés de ses écailles et par la forme de hache qui lui a valu son nom. Son corps est muni d'une ran-

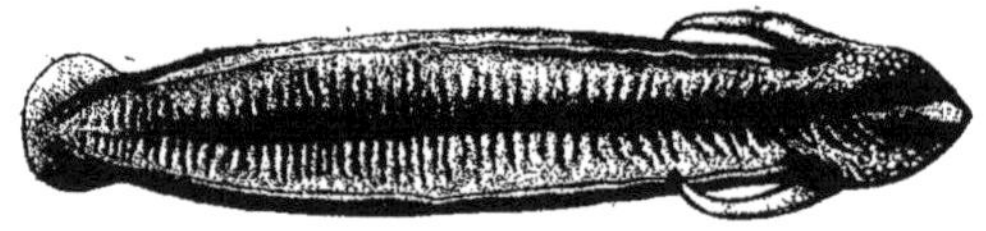

Fig. 81. — Nectonemertes Grimaldii.

gée d'organes lumineux et ses yeux sont dirigés vers le haut; leur disposition, dite télescopique, se retrouve chez les poissons des grands fonds, dont c'est une caractéristique très fréquente.

VER : Nectonemertes Grimaldii (fig. 81). — L'exemple choisi est une némerte de couleur orangée. Les némertiens connus jusqu'à ces dernières

Fig. 82. — Un groupe de globicéphales est signalé.

années sont des sortes de vers que l'on trouve dans la vase et au milieu des algues; ils sont munis d'une trompe qui leur sert à atteindre leur proie. Le filet Richard a fait découvrir qu'il existait plusieurs genres de la même famille vivant dans la mer à des profondeurs très variées et adaptés à la vie entre deux eaux. Le Nectonemertes Grimaldii est dans ce cas.

Je borne ici ce rapide aperçu de quelques êtres ramenés par le filet Richard. Il faudrait en réalité un volume, sinon plusieurs, pour passer en revue les animaux de toute espèce et de toute nature (*poissons, méduses, siphonophores, crustacés, larves,* etc., etc.) qui ont été capturés par ce précieux instrument.

Chasse aux cétacés. — Le lecteur peut trouver singulier que je parle de cétacés au cours d'un chapitre réservé à la capture des êtres habitant les zones intermédiaires. S'il ne s'agissait que de ces gros animaux, la question aurait effectivement dû être traitée en même temps que celle

Fig. 83. — Chargement du canon lance-harpon.

de la pêche à la surface, puisque c'est tout au moins là qu'on les poursuit. Mais le but que l'on se propose en les chassant est moins de prendre encore un spécimen d'une famille déjà connue que de s'approprier le contenu de leur estomac. Suivant une expression très pittoresque et très juste que j'emprunte au Prince de Monaco, il a fallu, pour élargir le cercle de nos connaissances sur la faune intermédiaire, « avoir recours à des collaborateurs » capables d'attraper les espèces que n'ont pas rapportées les filets employés jusqu'à ce jour; et ces collaborateurs sont précisément les *cachalots*, les *orques*, les cétacés de toutes sortes! Le tout est d'avoir la chance de prendre un animal assez peu de temps après son repas, pour que sa digestion ne soit pas trop avancée. Les procédés en usage pour prendre les balénoptères se sont sensiblement modifiés depuis l'antique harponnage à la main, pratiqué encore au siècle dernier. A bord d'un bâtiment comme la *Princesse Alice* ou comme l'*Hirondelle*, on a recours aux méthodes classiques, employées encore de nos jours par quelques baleiniers et qui étaient les seules pratiquées il y a une vingtaine d'années [1].

Fig. 84. — Feu!

Des embarcations spéciales, d'une grande solidité, portent à l'avant un petit canon en bronze à crosse de pistolet qui est destiné à recevoir un harpon dont les barbes articulées entrent sans difficulté dans le but, mais s'écartent dans les chairs en assurant une meilleure tenue, dès qu'il y a un effort de traction sur la ligne de harponnage. Celle-ci est d'une

1. Depuis quelque temps, les chasseurs de baleines emploient des petits vapeurs auxiliaires portant à l'avant un canon lance-harpon. Un gros navire remorque les prises et procède aux opérations de dépeçage, de fonte de la graisse, d'emmagasinage des fanons, etc.

longueur de quelques centaines de mètres dont les 30 premiers sont *lovés* avec soin dans un baquet, à côté du canon, tandis que le reste est disposé sous les bancs des rameurs. Les photographies qui accompagnent ce texte ont trait à une chasse aux *globicéphales*, dans la Méditerranée. Les animaux sont signalés en troupe (fig. 82), se mouvant très lentement à la surface. Aussitôt le navire stoppe, une ou deux baleinières sont amenées, et leurs équipages *nagent* vigoureusement pour se rapprocher du groupe de cétacés. Pendant ce temps, le maître harponneur (le Prince de Monaco sur les gravures) charge le canon (fig. 83) et y introduit le harpon, tout en donnant des ordres à ses hommes dont l'un d'eux gouverne derrière à l'aide d'un aviron de queue.

La poursuite des globicéphales exige beaucoup de patience. Il pourra arriver vingt fois de suite qu'au moment d'être rejoints, ils plongent pour ne reparaître qu'un mille plus loin; parfois, au contraire, ils évolueront capricieusement tout près des chasseurs, mais de telle façon qu'en dépit de manœuvres constantes il soit très difficile d'arriver à en ajuster un. Enfin, le moment favorable se présente : un globicéphale sort de l'eau pour y replonger aussitôt, de sorte que son dos apparaît un instant à 8 ou 10 mètres de la baleinière. Le tireur dirige vivement son arme de la main droite vers le but, tandis que de la main gauche, il agit sur le cordon tire-feu; le coup

Fig. 85. — Le globicéphale donne un dernier coup de queue et meurt.

part, et dans un nuage de fumée, on devine la ligne du harpon qui se déroule (fig. 84). A la surface de la mer une large tache rouge apparaît : l'animal est harponné !

Les choses se passent ensuite d'une façon très variable. Si la blessure faite est mortelle, l'agonie peut être courte; dans le cas contraire, le globicéphale plonge rapidement et il faut veiller, pendant que la ligne se déroule, à ce que les hommes ne se fassent pas prendre. Avec certains balénoptères, le frottement de la corde est si rapide, qu'on doit l'arroser pour empêcher qu'elle ne s'enflamme !

Après un certain temps, la bête fatiguée revient à la surface et plonge alternativement, tout en remorquant l'embarcation à sa suite jusqu'à ce que la perte de son sang ait diminué son ardeur : c'est le moment de hâler sur la ligne pour s'en rapprocher. En y mettant la patience et la prudence voulues on arrive même à l'accoster; alors, avec des lances, on cherche à l'atteindre dans ses organes essentiels. Ceci demande une grande habileté, car le spasme final peut être d'une violence inouïe. La victime donne des coups de queue terribles qui font jaillir l'eau à 20 mètres de hauteur; elle plonge, puis bondit tout entière hors de la mer où elle retombe lourdement. Enfin, elle meurt au milieu d'une large flaque d'écume et de sang (fig. 85). Le spectacle est grandiose..., mais il faut n'y assister qu'en spectateur : aux premiers symptômes de cette lutte suprême, la baleinière doit s'éloigner rapidement pour ne pas se faire fracasser ! Contrairement à ce que l'on pourrait croire, le reste des globicéphales ne s'enfuit pas pendant cette scène et il semble même qu'ils ne veuillent pas abandonner leur malheureux camarade. Il en résulte qu'il est beaucoup plus facile en général d'en harponner un second que de faire feu sur le premier. La durée de ces opérations dépend beaucoup de la nature de l'animal poursuivi; s'il s'agit d'une baleine, la chasse peut prendre deux jours. Aussi, faut-il que le bâtiment à vapeur accompagne les embarcations du mieux qu'il peut, pendant qu'elles sont remorquées par leur proie; et, comme il faut prévoir toutes les éventualités, chaque baleinière doit avoir en permanence son approvisionnement de vivres et d'eau douce.

La capture est hissée à bord à l'aide d'un palan « croché » dans un nœud coulant qui est passé dans l'aileron de queue (fig. 86); puis l'on procède aussitôt à son dépeçage, à son autopsie et à la préparation provisoire de son squelette. Encore faut-il que ses dimensions ne soient pas trop considérables, sans quoi, on est contraint de remorquer la prise jusqu'à ce qu'on trouve une plage propice pour l'échouer et pour y entreprendre tout le travail.

Je mets plus loin sous les yeux du lecteur quelques reproductions de trouvailles faites dans l'estomac de ces animaux. En ce qui concerne les

Fig. 86. — L'animal est hissé à bord.

cachalots, il en est une que les harponneurs professionnels ont des raisons d'apprécier tout particulièrement : c'est l'*ambre gris*, si recherché comme fixateur dans la fabrication des parfums. Cette substance n'est autre chose que la sécrétion d'un organe malade et, lorsqu'on a la chance de tomber sur un sujet qui présente un beau cas pathologique, son estomac peut en contenir plus de 100 kilogr. Quand j'aurai ajouté que l'ambre gris vaut plusieurs milliers de francs par kilogramme, on comprendra comment un pauvre baleinier peut d'un coup faire fortune, si le sort le favorise.

Spécimens d'animaux trouvés dans des estomacs de cétacés.

CÉPHALOPODES : *a*) *Lepidoteuthis Grimaldii* (Joubin) (fig.87). —

Fig 87. — Lepidoteuthis Grimaldii.

Ce débris de céphalopode, auquel il manque malheureusement la tête et les bras, a été trouvé dans l'estomac d'un cachalot. Il présente la particularité curieuse d'avoir le corps pourvu d'écailles cutanées. On ne connaît aucun autre cas similaire, ce qui prouve une fois de plus qu'il y a toute une faune intermédiaire à découvrir.

b) *Histioteuthis bonnelliana* (Joubin) (fig. 88). — Ce céphalopode a été heureusement retrouvé à peu près intact. Il est remarquable par la quantité de ses organes lumineux, qui existent à profusion sur le corps et sur les bras, ainsi que par la liaison qui existe entre plusieurs de ses tentacules.

Filet Bourée. — Ainsi qu'on vient de le voir, il a fallu recourir à un procédé indirect pour se procurer certaines espèces encore inconnues. Toutefois, quelques poissons curieux avaient déjà été ramenés accidentellement par des dragues ou par des chaluts. Comme rien ne prouvait en somme que ces prises provenaient du fond même, j'ai été conduit à penser qu'il devait y avoir des faunes importantes très variées dans les différentes zones intermédiaires, et j'ai cherché un moyen de les capturer.

L'appareil très simple que j'ai fait établir travaille à la façon d'un filet à papillons. C'est une poche rapidement remorquée, qui happe par surprise tout ce qui se trouve sur son passage. Comme carcasse, j'ai employé celle du filet vertical, mais construite en barres plus solides pour résister sans torsion aux efforts de la traction. Le sac et son empêche sont, cette fois, en véritable filet, à mailles de un centimètre environ; le fond seul est tapissé, à l'intérieur, sur 50 centimètres de hauteur, avec de la toile d'emballage ordinaire (fig. 89).

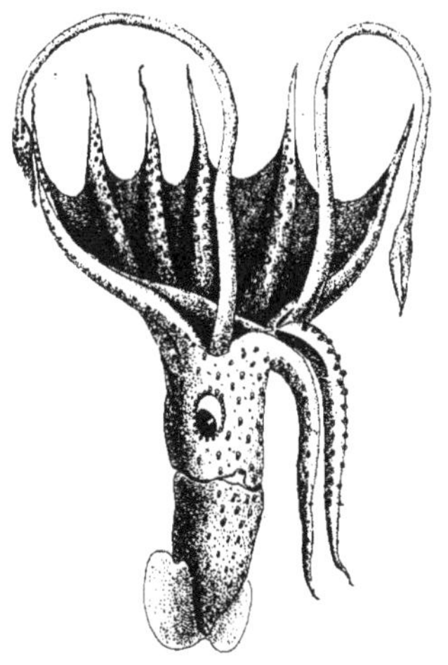

Fig. 88. — Histiotheutis.

Dans le but d'agrandir la surface pêchante de l'engin, sans le rendre moins maniable et surtout sans contraindre les barres de fer à trop d'efforts, j'ai ajouté quatre panneaux articulés, qui s'écartent en éventail sous l'influence du remorquage, jusqu'à l'angle permis par les attaches, c'est-à-dire 45 degrés. L'entonnoir ainsi obtenu est de 15 à 16 mètres carrés d'orifice pendant le travail. Le tout est suspendu au câble de chalut par un système d'attaches (fig. 90) qui se réduit, ainsi qu'on le voit, à deux brins en fil d'acier jusqu'à proximité du cadre et des volets, d'où partent des petites pattes d'oie. Ce dispositif spé-

Fig. 89. — Filet Bourée.

cialement étudié assure le minimum d'obstacle à l'entrée du poisson.

Le filet, convenablement lesté, est immergé le plus verticalement possible jusqu'à la profondeur voulue ; ensuite on le traîne à une allure qui, dans nos premiers essais, n'a été que de 4 à 5 nœuds (8 à 9 kilomètres), mais qui pourra vraisemblablement être dépassée.

Les animaux qui se trouvent sur son passage s'engouffrent dans l'ouverture, et la violence du courant les projette jusqu'au fond garni de toile d'emballage. Celle-ci laisse bien filtrer l'eau, mais lui oppose quand même une certaine résistance, comparativement aux mailles du filet. Il se produit donc en cet endroit une sorte de matelas liquide, qui fait que les prises ne sont pas violemment plaquées sur le filet, où elles seraient rapidement détériorées. Enfin, cette toile retient un certain nombre de pièces très petites qui, sans elle, passeraient à travers les mailles.

Fig. 90. — Filet Bourée remontant. On remarquera les volets et le dispositif de suspension.

Nous nous sommes procuré avec cet engin des espèces absolument nouvelles et d'autres dont on ne possédait que de très rares spécimens ;

son emploi à diverses profondeurs permettra sans doute de découvrir une quantité d'êtres jusqu'à ce jour inconnus.

La manœuvre du filet demande quelques explications : il est bien évident que, si l'on se contentait de le remorquer dès que la profondeur désirée a été atteinte, il remontrait assez rapidement à un niveau beaucoup plus élevé.

Lors des premières expériences, qui ont été faites à 3.500 mètres de la surface, je pensais qu'il suffisait de stopper le bâtiment de temps à autre pour permettre à l'appareil de revenir à pic; mais ce n'est pas ce qui s'est produit.

Le câble n'a fait que se rapprocher de la verticale sans complètement y arriver; quant au dynamomètre, qui marquait trois tonnes avant la mise en marche du navire, il n'en indiquait plus qu'une et demie après un long stationnement.

Cette dernière constatation m'a conduit à une explication probable des faits : au début, le filet avait la position de la figure 91 et le poids total du câble, du lest, de l'appareil, etc. était de trois tonnes. A la fin du remorquage, les choses se passaient comme sur la figure 92. Enfin, après un stoppage prolongé, le filet devait agir comme un parachute, en supportant une partie du poids du câble, d'où l'indication si faible du dynamomètre (fig. 93).

Ces remarques m'ont amené à adopter la méthode de manœuvre suivante : le bâti-

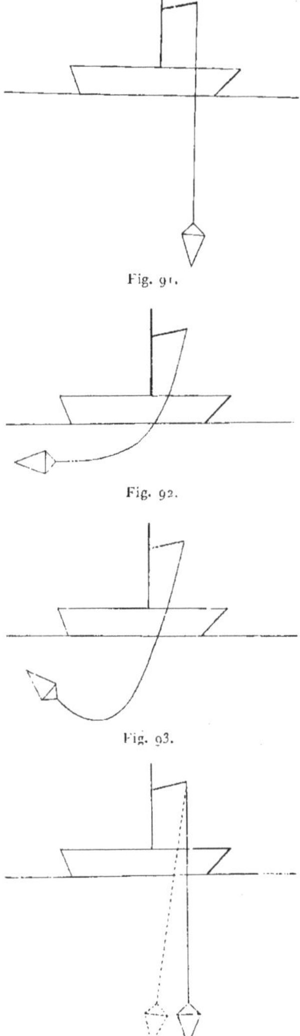

Fig. 91.

Fig. 92.

Fig. 93.

Fig. 94.

ment est mis en marche pendant cinq minutes seulement, à 5 nœuds, puis stoppé (fig. 94). Au bout d'un si faible laps de temps, le câble est peu éloigné de la verticale et un stoppage de même durée permet d'y revenir à peu de chose près.

On peut faire ainsi plusieurs parcours et autant de stoppages, et on observera, après chaque arrêt suffisamment prolongé, l'indication du dynamomètre qui reste pendant quelque temps assez voisine du chiffre initial. Lorsque le poids marqué devient notablement trop faible, cela prouve que l'on est au-dessus de la zone dans laquelle on voulait travailler, et l'opération doit prendre fin.

Le filet Bourée étant absolument nouveau, il se peut que des modifications soient apportées ultérieurement à la façon de s'en servir. Avec un modèle de dimensions plus restreintes et très fortement lesté, on pourra peut-être travailler par des profondeurs de 2.000 mètres, par exemple, en filant plusieurs milliers de mètres de câble et en remorquant d'une façon constante. Cet essai, pour être complet, devra être fait avec un enregistreur d'immersion dès que l'on possèdera un instrument assez bien établi pour travailler correctement sous de grandes pressions. Ceci ne saurait d'ailleurs tarder.

Le remorquage continu à une profondeur bien déterminée aurait le grand avantage de simplifier le travail de statistique qui doit déterminer l'habitat exact des espèces et peut-être aussi leurs migrations, comme une expérience toute récente permet de le supposer.

L'*Hirondelle* marchant à la vitesse de 5 nœuds environ, on avait immergé le filet Bourée entre 7 heures et 10 heures *du soir*. La quantité de câble filé était de 550 mètres, et comme on l'avait remorqué sans interruption, l'engin s'était tenu à une profondeur qu'on peut évaluer à 200 ou 250 mètres au maximum, c'est-à-dire assez près de la surface.

On s'attendait donc à capturer des êtres déjà connus pour habiter les zones supérieures : aussi, grande fut la surprise lorsque le filet revint à bord.

Il contenait une quarantaine d'*argyropelecus*, des *anguillidæ*, des poissons à organes lumineux, etc..., la plupart pris jusqu'alors dans des conditions faisant présumer qu'ils vivaient dans de très grands fonds.

La pêche fut renouvelée rigoureusement dans les mêmes conditions et dans les mêmes parages quelques heures plus tard, entre 6 heures et 9 heures *du matin*. Cette fois, le filet revint presque vide et ne ramena aucun des animaux précités.

D'une simple expérience, il est impossible de tirer une conclusion, mais il est toujours permis de hasarder une hypothèse capable d'expliquer enfin à quoi peuvent servir les organes lumineux de certaines espèces qui sont sensées vivre dans des ténèbres perpétuelles. Pourquoi

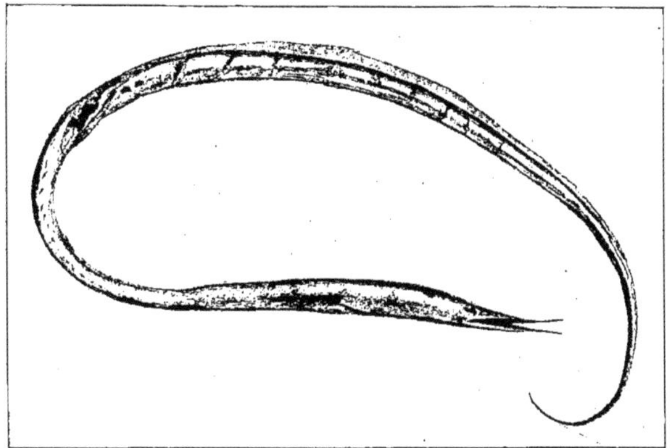

Fig. 95. Gavialiceps hasta (Zugmayer).

ne pas admettre que ces espèces aient la faculté de passer assez rapidement pendant la nuit d'une couche profonde à une autre moins basse, normalement éclairée pendant le jour, et dont les habitants seraient dès lors susceptibles d'être attirés par la phosphorescence après le coucher du soleil?

Nous savons que les poissons de surface sont attirés la nuit par la lumière, puisque la pêche *au feu* est si destructive qu'on l'a généralement interdite. Si l'on admet que les animaux munis d'organes lumineux et vivant pendant le jour à 500 mètres puissent monter pendant la nuit à 250, ils pourraient eux aussi chasser *à la phosphorescence*.

Les récentes recherches du *Michaël Sars*[1] ayant démontré la péné-

1. A bord de ce bâtiment, on a tout récemment essayé de pêcher en remorquant plusieurs petits filets de soie fixés à diverses hauteurs du même câble. Les expérimentateurs

tration de certains rayons du spectre jusqu'à des profondeurs assez considérables, il en résulte qu'il y existe peut-être pendant le jour une sorte de crépuscule encore perceptible pour les êtres qui y vivent et qui de nuit pourraient subir l'attraction d'individus lumineux montant d'une zone plus basse encore.

Je crois donc admissible à priori la possibilité d'une migration verticale *nocturne et échelonnée* de toute une série d'animaux capables d'émettre de la lumière. Comme ceux-ci ont d'ailleurs leurs ennemis qui les pourchassent, la migration des premiers pourrait en déterminer une autre en sens inverse de la part de certains de leurs adversaires qui profiteraient de l'heure propice pour les attaquer.

J'insiste sur ce fait que je viens d'émettre de simples suppositions; je serais heureux si dans l'avenir elles étaient trouvées justes, mais il est évident dès maintenant qu'on arrivera à des résultats du plus haut intérêt en pratiquant des séries de pêches méthodiques à des profondeurs successives maxima bien déterminées par un enregistreur, et en comparant les résultats obtenus de jour et de nuit.

Spécimens de captures faites avec le filet Bourée.

POISSONS : a) Gavialiceps hasta (Zugmayer) (fig. 95). Profondeur maxima du filet : 1.400 mètres. — Ce spécimen est de la famille des anguillidæ. Il est nouveau comme espèce d'un genre encore très rare. On remarquera la curieuse courbure de son bec, muni de dents extrêmement fines. Il a

inclinent à supposer que les manifestations de la vie deviennent très rares au delà de 2.000 mètres. Je partage personnellement cette opinion.

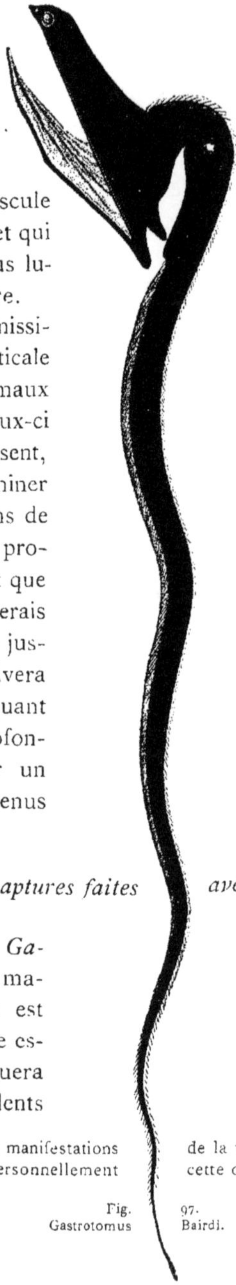

Fig. 97. Gastrotomus Bairdi.

OPISTOPROCTUS GRIMALDII

Planche : *Campagnes scientifiques*, d'après cliché autochrome de l'auteur)

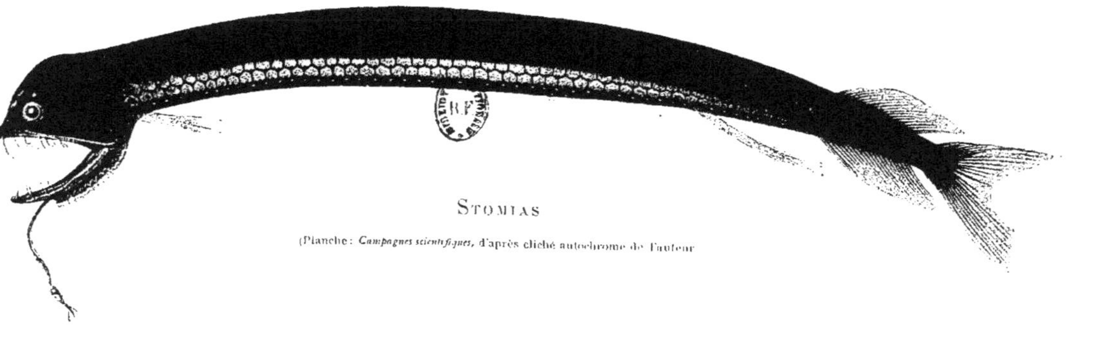

STOMIAS

(Planche : *Campagnes scientifiques*, d'après cliché autochrome de l'auteur

l'aspect singulier d'un poisson en métal doré dont certaines parties sont verdâtres. Il a été pris dans la Méditerranée.

b) *Opistoproctus Grimaldii* (Zugmayer) (fig. 96). Profondeur maxima du filet : 4 700 mètres (Océan). — Ce poisson bizarre est également nouveau. On ne connaissait jusqu'à présent que deux espèces de ce genre. Il est remarquable par son ventre aplati et ses yeux télescopiques.

c) *Gastrotomus Bairdi* (fig. 97). — Ce poisson, déjà connu, était considéré comme très rare, car on n'en possédait qu'un ou deux petits spécimens. Le filet Bourée en a ramené onze en quelques opérations, dont un mesurant 53 centimètres de longueur.

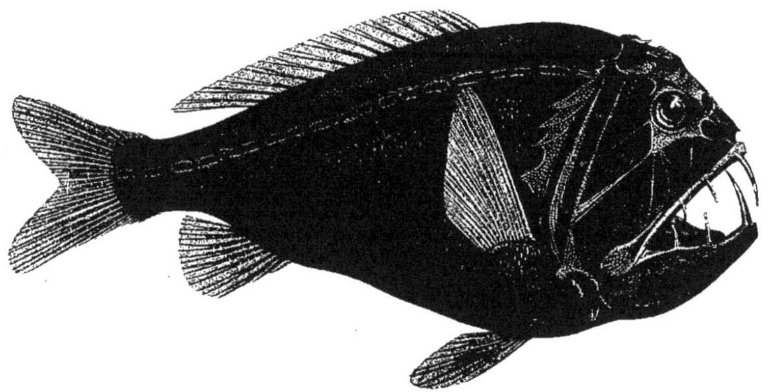

Fig. 98. — Cololepis longidens.

Le gastrotomus a des mâchoires extraordinairement extensibles, qui transforment sa bouche en une sorte de petit gouffre où doivent se prendre diverses proies. Ses tissus d'un beau noir velouté sont très fragiles. Sur deux de ces poissons, on a trouvé un même parasite curieux et nouveau.

d) Comme espèces bizarres je citerai encore le *Cololepis longidens* (fig. 98) et le *Stomias* (fig. 99) dont le corps semble armé de plaques métalliques. Ce dernier poisson possède un filament articulé terminé par un organe lumineux qu'il peut mettre devant sa bouche et qui doit ainsi attirer ses proies : c'est en quelque sorte sa canne à pêche!

Le filet Bourée a encore ramené une quantité d'autres animaux : crevettes nouvelles, méduses, petits céphalopodes, etc.

ANIMAUX DIVERS

Les oiseaux. — Le travail de l'océanographe est évidemment subordonné aux endroits dans lesquels il opère, et il ne doit pas se confiner exclusivement dans la recherche des animaux qu'il peut se procurer avec des filets, des hameçons ou des harpons.

Dans les régions polaires, l'étude des oiseaux, qui est étroitement liée à celle de la mer, ne doit pas être négligée, et alors même qu'il s'agit d'espèces parfaitement connues, telles que les *Pétrels*, les *Larus*, les *Eiders*, les *Urias*, etc., sans omettre les *Pingouins* de l'hémisphère sud, il est souvent utile de s'en procurer des spécimens, ne serait-ce que pour être renseigné sur le contenu de leur estomac.

Fig. 100. — Jeune phoque et petits goélands polaires (Larus glaucus)

Il m'est arrivé de tirer un jour un *Macareux* qui paraissait avoir dans son bec une pâture destinée sans doute à ses jeunes, et nous avons eu en effet par ce moyen indirect un échantillon de petit poisson polaire que nous n'avions pu obtenir par d'autres procédés.

Lorsqu'un des savants d'une expédition se livre à des recherches spéciales sur le sang des animaux, il ne peut être question de lui fournir des oiseaux tués au fusil, car leur sang se coagule presque instantanément après la mort. On les prend alors tout simplement à la ligne (fig. 101), car leur voracité est telle qu'ils ne se défient pas d'un morceau de lard fixé à un hameçon au bout d'une ficelle.

Cette pêche originale fait la joie des matelots; elle n'est cependant pas

Fig. 101. — La pêche aux oiseaux : capture d'un pétrel.

agréable, loin de là, car dès qu'un pétrel arrive entre les mains de celui qui l'a ramené à bord, il essaye un dernier moyen de défense en rejetant violemment le contenu nauséabond de son estomac! Une fois sur le pont, ces oiseaux ne se trouvant pas dans les conditions voulues pour donner leur premier coup d'aile, ne parviennent pas à s'envoler et leur démarche gauche est un nouveau sujet de divertissement pour l'équipage.

La chair de la plupart de ces volatiles est coriace et inacceptable pour le commun des mortels, elle n'en constitue pas moins une ressource appréciable pour les palais moins difficiles de ceux qui s'aventurent à la conquête des pôles. Les œufs sont presque toujours agréables à manger, et on sait de quelle immense ressource sont ceux des pingouins pour les hardis pionniers de l'hémisphère austral.

La chasse. — Puisque me voici aventuré dans les régions polaires, je dois parler un peu de la chasse, qui est d'un si grand attrait pour les

Fig. 102. Chasse au phoque au Spitzberg.

explorateurs. Ce n'est plus pour eux un vain sport que de se montrer adroits : leur subsistance dépend de la façon dont ils manient le fusil ; en outre, l'examen des organes de leurs victimes fournira presque toujours des observations intéressantes.

Au cours de mes voyages au Spitzberg, à bord de la *Princesse Alice,* le Prince de Monaco a tué un certain nombre de phoques dont l'étude a été particulièrement instructive quant à leur nourriture, composée de petits crustacés vivant aux abords des glaciers[1].

1. La nourriture en question est spéciale à cette espèce de phoques. Il en est d'autres qui mangent des poissons, des pingouins, etc., selon la région dans laquelle ils se trouvent.

Sur des sujets malades, on a trouvé divers parasites curieux, notamment dans le foie.

Les quelques figures qui accompagnent ce texte font revivre les épisodes d'une de ces chasses polaires.

Le tireur, placé à l'avant d'une embarcation, vient d'apercevoir un phoque endormi sur un glaçon; il l'approche sans bruit, et s'il a été assez heureux pour pouvoir arriver à portée, il fait feu (fig. 102).

Fig. 103. — Le phoque tué sur un glaçon.

La balle doit frapper l'animal en pleine tête, afin qu'il soit tué sur le coup. S'il n'est que blessé, il se jette rapidement à la mer, plonge et va mourir au fond de l'eau sans qu'il soit possible de s'en emparer.

Quand le coup a été heureux on accoste le glaçon, tout rougi maintenant du sang de la victime dont les marins s'emparent pour l'embarquer dans le canot (fig. 103 et 104).

La chasse terminée, on revient à bord avec son butin; le phoque est pesé, mesuré, puis livré à l'état-major scientifique qui commence aussitôt ses observations (fig. 105). Lorsque le sujet est reconnu sain, on prélève la part qui sera confiée aux bons soins des cuisiniers : la langue et le foie sont véritablement excellents.

Souvent ce dernier organe renferme des parasites, au grand chagrin des gourmets, mais au plus grand bénéfice du laboratoire.

L'autopsie terminée, la peau mise de côté, quelques hommes procèdent à une préparation provisoire du squelette qu'on emballe ensuite dans des barils contenant du sel (fig. 106). C'est dans cet état qu'il arri-

Fig. 104. — Embarquement de l'animal dans l'embarcation.

vera au Musée de Monaco où il sera complètement mis en état et monté.

A titre d'exemple des nombreuses observations scientifiques auxquelles toute prise de ce genre peut donner lieu, ma dernière photographie sur ce sujet montre le physiologiste du bord occupé à la *krioscopie* du sang d'un phoque (fig. 107).

Grands animaux et monstres. — La plupart des grands animaux que l'on trouve dans la mer ont été si souvent décrits dans des récits de voyages qu'il était inutile d'en faire une étude particulière dans un ouvrage traitant de recherches d'un caractère tout à fait spécial. J'en mentionnerai

Fig. 105. — Le corps du phoque est livré aux savants.

simplement quelques-uns, à commencer par la *baleine franche,* dont la taille peut atteindre une trentaine de mètres et qui est au reste un animal très pacifique.

Plus redoutables sont les *requins,* à la voracité bien connue; leurs dimensions courantes varient de 3 à 7 mètres, mais on a trouvé des individus de cette famille deux fois plus grands encore.

Enfin, quand j'aurai dit un mot du *morse,* qui se montre parfois redoutable aux embarcations des chasseurs et de l'*ours blanc,* qui est beaucoup moins féroce qu'on ne le pense généralement, j'aurai cité les principales grandes espèces que l'on connaît. Mais à côté de ces bêtes imposantes

Fig. 106. — Préparation du squelette.

que l'homme est arrivé à vaincre par la force ou par la ruse, n'existe-t-il pas dans le sein de la mer des êtres monstrueux susceptibles parfois de paraître à la surface et de glacer le cœur du plus brave, tant par la hideur de leurs formes étranges que par leurs forces colossales contre lesquelles tout effort serait vain à tenter?

Fig. 107. — Le Dr Portier étudie le sang de l'animal.

Depuis les temps les plus reculés, récits véridiques ou fantastiques abondent à leur sujet, et telle est la force de la tradition que bien des personnes peu initiées aux questions scientifiques croient que les engins des océanographes ont pour résultat fréquent, sinon comme but principal, de ramener à leur bord des animaux véritablement apocalyptiques!

Les pages qui précèdent ont déjà édifié le lecteur à ce sujet; mais, s'il est exact « qu'il n'y ait pas de fumée sans feu », quelle part de vérité doit-on attribuer à la légende du poulpe géant et à celle du serpent de mer?

Le Kraken. — Le premier de ces monstres semble avoir frappé l'imagination des navigateurs depuis la plus haute antiquité.

Aristote en signale un qui aurait eu environ 16 pieds, et Pline, tout en restant sceptique, parle d'une pieuvre dont les bras auraient eu 30 pieds, ce qui donne une idée des proportions probables du monstre.

Les navigateurs scandinaves qui à plusieurs reprises avaient trouvé de grands céphalopodes échoués dans les fjords, amplifièrent les faits à tel point que le *Kraken* devint pour eux un être fabuleux.

Parfois il apparaissait à la surface et sa taille était telle qu'on le prenait pour une île; en d'autres circonstances, il restait entre deux eaux et sa présence était décelée par ce fait singulier que les pêcheurs en jetant la sonde rencontraient le corps du Kraken, d'où une profondeur indiquée moindre que celle qu'on aurait dû trouver. Il fallait en ce cas s'éloigner vite, car si le terrible animal s'en prenait à l'embarcation, ç'en était fait du frêle esquif qui disparaissait dans un remous, tandis que son équipage était happé par de formidables tentacules!...

Vers la fin du XVIIIe siècle, un capitaine de la Marine marchande raconta à Denys Montfort, qui publia son récit, l'histoire d'un Kraken qui aurait lancé ses bras hors de la mer et entraîné deux malheureux matelots occupés à nettoyer la carène de son navire!

Plus récemment, quelques débris importants de poulpes ayant été trouvés par les uns ou par les autres, le monde savant en venait à penser que toutes ces légendes pouvaient avoir un point de départ réel, quand le fameux « encornet » fut enfin rencontré dans des conditions ne devant laisser subsister le moindre doute sur son existence. Cette chance advint à la frégate l'*Alecton*, qui trouva un animal resté à la surface par suite sans doute d'un état maladif, ainsi qu'on peut le déduire de la description si consciencieuse qu'on lira plus loin et d'où il résulte pour le naturaliste que le nombre des bras du céphalopode ne devait pas être au complet.

Un objet étrange ayant été signalé à M. Bouyer, lieutenant de vaisseau, commandant l'*Alecton*, cet officier mit immédiatement le cap dans la direction voulue, et voici des extraits du rapport qu'il fit sur cet étonnant incident de navigation :

«..... Je me dirigeai aussitôt vers l'objet signalé et qui était si diversement jugé, et je reconnus le poulpe géant dont l'existence contestée semblait reléguée dans le domaine de la fable.

. . . .

« L'occasion était trop inespérée et trop belle pour ne pas me tenter. Aussi eus-je bien vite pris la résolution de m'emparer du monstre afin de l'étudier de plus près.

« Aussitôt, tout est en mouvement à bord, on charge les fusils, on emmanche les

Fig. 108. Le Poulpe géant rencontré par l'*Alecton* en novembre 1861 à 40 lieues au large de Ténériffe. (Reproduction de l'aquarelle originale exécutée par un des officiers du bord.)

harpons, on dispose les nœuds coulants, on fait tous les préparatifs de cette chasse nouvelle.

. . . .

« Après plusieurs rencontres qui n'avaient permis encore que de le frapper d'une vingtaine de balles auxquelles il paraissait insensible, je parvins à l'accoster d'assez près pour lui lancer un harpon, ainsi qu'un nœud coulant, et nous nous préparions à multiplier le nombre de ses liens, quand un violent mouvement de l'animal ou du navire fit déraper le harpon, qui n'avait guère de prise dans cette enveloppe visqueuse; la partie où était enroulée la corde se déroula et nous n'amenâmes à bord qu'un tronçon de la queue.

« C'est un encornet colossal. Son corps mesure 5 à 6 pieds de longueur, les tentacules au nombre de huit ont la même dimension. Il est d'un rouge brique[1]; son corps est très renflé vers le centre; ses yeux aplatis, glauques, grands comme des assiettes, fixes. Dans le combat qui dura trois heures, il vomit de l'écume, du sang et des matières

1. Ces animaux ont la propriété de changer de couleur à volonté, dans la gamme des gris aux rouges (N. de l'A.).

gluantes qui répandirent une forte odeur de musc. La queue se termine par deux lobes, ce qui caractérise le genre calmar.

« Officiers et matelots me demandèrent à faire amener un canot pour essayer de garrotter de nouveau le monstre et de l'amener le long du bord. Ils y seraient peut-être parvenus si j'eusse cédé à leurs désirs; mais je craignais que dans cette rencontre corps à corps, l'animal ne lançât un de ses longs bras armés de ventouses sur le bord du canot, ne le fît chavirer, n'étouffât plusieurs hommes dans ces fouets redoutables.....

. . . .

« La partie de sa queue que nous avions à bord pesait 14 kilogrammes. C'est une substance molle répandant une forte odeur de musc; la partie qui correspond à l'épine dorsale commençait à acquérir une sorte de dureté relative..... L'animal entier, d'après mon appréciation, pesait de 2 à 3 tonneaux (2 à 3.000 kilogr.). Il soufflait bruyamment; mais je n'ai pas remarqué qu'il lançât cette substance noirâtre au moyen de laquelle les encornets de Terre-Neuve troublent la transparence de l'eau pour échapper à leurs ennemis [1].....

. . . .

« Quoi qu'il en soit, cet horrible échappé de la ménagerie du vieux Protée me poursuivra longtemps dans mes nuits de cauchemar. Longtemps je retrouverai fixé sur moi, ce regard vitreux et atone, et ces huit bras qui m'enlacent dans leurs replis de serpents. Longtemps je garderai la mémoire du monstre rencontré par l'*Alecton*, le 30 novembre 1861, à 2 heures de l'après-midi, à 40 lieues de Ténériffe..... »

Le rapport dont je viens de citer des extraits était accompagné d'une aquarelle exécutée par un officier de l'état-major et dont je donne la reproduction [2] (fig. 108).

La trouvaille faite par l'*Alecton* était d'une grande importance, car elle établissait d'une façon désormais indiscutable l'existence de pieuvres géantes qui, pour n'avoir pas les dimensions supposées du Kraken, n'en étaient pas moins d'une taille respectable! — C'est, à ma connaissance, le seul fait officiellement constaté d'une semblable rencontre, car il faut certainement des circonstances toutes fortuites pour que ces animaux viennent à la surface de la mer et y séjournent. Il est très probable que dans la majorité des cas, et surtout lorsqu'un état maladif diminue la rapidité de leur nage, ces géants sont eux-mêmes la proie des cachalots et de divers cétacés qui font de ces espèces leur nourriture favorite. La

1. Sans doute parce que l'animal n'était pas dans son état normal (N. de l'A.).

2. Ce document très curieux est actuellement au Musée Océanographique de Monaco. (Don de M. de Chasseloup-Laubat.)

preuve en est dans les débris de céphalopodes qu'on trouve parfois à la surface. J'ai déjà mentionné un bras de 8 mètres recueilli par le Prince de Monaco, et d'autres navigateurs ont découvert de la sorte des organes différents. Comme ceux-ci, aux dimensions près, étaient parfaitement semblables à ceux des calmars et que, par ailleurs, le rapport de Bouyer ne pouvait plus laisser de doutes à cet égard, les données éparses rassemblées furent suffisantes pour permettre aux savants du British Museum de Londres de procéder à une reconstitution certainement exacte d'un céphalopode géant tel qu'il en existe bien sûrement. Cette très curieuse pièce, exposée dans une des salles du musée, ne mesure pas moins de 15 mètres de longueur dont 8 pour les bras.

Le terrible animal rencontré par l'*Alecton*, et dont les bras n'avaient que 3 mètres environ, n'est donc qu'un spécimen relativement petit de cette étrange espèce.

Quand on songe à l'impression profonde qu'il a produite sur des hommes braves et habitués aux dangers de la mer, on se demande quelle émotion on ressentirait en présence d'un de ces *Kraken* arrivé à son développement total.

J'ai dit que la reconstitution du British Museum avait plus de 15 mètres de longueur, c'est-à-dire la hauteur d'une maison moyenne des boulevards à Paris. Ainsi, en supposant un de ces géants placé verticalement le long d'un mur, et sa queue touchant le sol, il pourrait aisément happer avec ses énormes ventouses des ouvriers qui travailleraient sur les toits!

Le Serpent de mer. — Le fameux *Serpent de mer* a lui aussi ses légendes, mais il en est peu question dans l'antiquité, et c'est seulement à partir du moyen âge que les chroniqueurs y font allusion. Il s'agit cette fois encore de récits empruntés à des pêcheurs scandinaves qui parlent d'un immense animal dont la tête sortant de l'eau était munie d'une opulente crinière, et qui aurait facilement broyé un bateau en le serrant dans ses anneaux... Un boa n'eût été à côté de lui qu'un malheureux ver de terre!

Ces descriptions fantastiques sont peut-être cause que beaucoup de savants, passant d'une exagération à une autre, nièrent pendant longtemps l'existence de ce reptile géant; et, de nos jours encore, les sceptiques sont presque aussi nombreux que les convaincus.

Les premiers s'appuient sur ce fait qu'aucun animal du même genre et de plus petite taille n'existe et que jamais aucun débris de cet être mystérieux n'a pu être recueilli; aussi mettent-ils sur le compte d'illusions d'optique les observations rapportées de bonne foi par certains navigateurs qui, d'après eux, ont dû prendre une série d'objets réunis en file par des courants, pour le fameux serpent de mer!

Sans vouloir prendre parti dans une question qui a déjà suscité plus d'une polémique, je pense qu'il serait imprudent de nier à priori l'existence de cet être étrange et sans doute très rare.

Si aucun bâtiment n'a pu le voir de près et l'étudier à loisir comme ce fut le cas de l'*Alecton* pour le grand poulpe, il n'en est pas moins vrai que nombreuses sont les relations dignes de foi et les véritables procès-verbaux établis par des témoins oculaires.

Le premier de ces rapports est probablement celui du capitaine norvégien L. de Ferry qui déclare avoir eu (en 1746) l'occasion de tirer un coup de fusil sur le serpent qui fut blessé. Deux de ses matelots contresignèrent cette pièce dans laquelle on trouve la description suivante :

« Sa tête qui s'élevait à plus de deux pieds au-dessus des vagues les plus hautes, ressemblait à celle d'un cheval. Il était de couleur grise, avec la bouche très brune, les yeux noirs, et une longue crinière qui flottait sur son cou; outre la tête de ce reptile, nous pûmes distinguer sept ou huit de ses replis qui étaient très gros et renaissaient d'une toise à l'autre... »

Depuis lors, bien des documents semblables ont été publiés, et si quelques-uns peuvent sembler fantaisistes, il y en a d'autres émanant de bâtiments de guerre français ou anglais dont la précision est troublante.

A plusieurs reprises on a eu l'occasion de faire feu sur le monstre et chaque fois on signale la tête émergeant de l'eau, ce qui semble peu compatible avec l'hypothèse de simples objets flottants réunis par hasard et dont on aurait d'ailleurs fini par approcher.

C'est dans les mers de Chine qu'en dernier lieu la présence du serpent de mer a été le plus souvent affirmée par de nombreux officiers de marine.

Faut-il voir là un rapprochement et trouver dans ce fait l'explication de la vénération apeurée des Chinois pour leur fameux dragon?

C'est possible, mais ce qu'il y a de certain, c'est que son existence paraît avoir été spécialement signalée à plusieurs reprises au Tonkin, dans la baie d'Along, où — d'après une hypothèse admise par beaucoup de marins — les serpents de mer trouveraient dans les roches de l'endroit des conditions favorables à leur reproduction. Les indigènes seraient même parfaitement au courant de toutes ces particularités, mais une crainte superstitieuse les empêcherait de les faire connaître, car en dérangeant le dragon, on ferait naître des calamités!

Il y a quelques années, l'amiral commandant notre escadre d'Extrême-Orient, après avoir pris connaissance de plusieurs procès-verbaux qui lui furent fournis, n'hésita pas à défendre de tirer sur le serpent si on le rencontrait, jugeant qu'il était inutile de blesser mortellement un animal très rare qui serait ainsi perdu pour la science.

Les chasseurs d'une expédition bien organisée se livrant à de patientes recherches dans la baie d'Along, finiraient peut-être par capturer cet animal qui très probablement — s'il existe n'est pas un reptile, car ce genre est très rare dans la mer. Il y aurait plus de chances pour que ce soit une sorte de phoque présentant des particularités remarquables.

En outre du calmar géant et du grand *serpent,* y a-t-il au sein des océans d'autres *monstres* capables de frapper l'imagination? On n'en connaît pas et je suis tenté de croire qu'on n'en trouvera pas, puisque aucune légende même ne nous permet d'espérer d'aussi sensationnelles découvertes.

LES PLANTES MARINES

La flore de l'océan est presque uniquement composée d'algues que l'on classe communément en trois groupes principaux : les *vertes* qui vivent au ras de la surface, les *brunes* qui se trouvent un peu plus bas et jusqu'à 100 mètres de profondeur, enfin les *rouges* qui doivent probablement leur couleur à ce fait qu'elles reçoivent peu de lumière. On les trouve soit au delà de 100 mètres, soit plus près de la surface, mais en ce cas dans des conditions telles que les rayons solaires ne leur parviennent pas (dans un creux de rocher, ou sous d'autres algues par exemple).

La récolte des algues littorales se fait évidemment à la main; les autres se prennent à l'aide de petites dragues que l'on traîne derrière des embarcations, ou par tout autre moyen que les circonstances locales pourront suggérer. Il ne s'agira jamais d'une opération bien profonde, car on n'en trouve plus au delà de 200 à 250 mètres.

Parmi les algues brunes, tout le monde connaît les *fucus* qui composent le *varech* recueilli sur les rochers pour en faire de l'engrais ou en garnir des matelas; il en est d'autres, les *macrocystis,* qui atteignent jusqu'à 300 mètres de longueur. — Parmi les plus curieuses, il y a celles que les navigateurs avaient baptisé du nom de *raisin des tropiques* et qui ont été amenées en grandes quantités par les courants dans cette région de calmes que l'on appelle la mer des Sargasses, du nom de cette plante : *Sargassum bacciferum*. Les pseudo-raisins ne sont en réalité que des petits ballons d'air servant de flotteurs pour maintenir les sargasses à la surface.

Dans la famille des algues brunes, il y en a de nombreuses qui fournissent des produits alimentaires ou des gelées utilisées pour divers usages industriels.

Les algues rouges, dont certaines vivent jusqu'à plus de 200 mètres de profondeur, sont souvent très jolies tant par leur coloris que par leurs formes. Certaines d'entre elles contiennent une assez grande quantité de calcaire qui les font ressembler à des coraux.

La coloration des eaux est souvent due à la présence d'algues qui font partie du plankton, car s'il en est qui atteignent les dimensions géantes que l'on sait, d'autres, même à leur état de développement normal, sont extrêmement petites, comme les *diatomées* que le microscope seul permet d'observer.

Beaucoup de ces algues minuscules servent elles-mêmes de nourriture à certains poissons : c'est ainsi qu'on a évalué à 20 millions d'individus le nombre de *Péridiniens* trouvés en moyenne dans l'estomac d'une sardine!

Je viens de citer les Péridiniens comme exemple dans un chapitre réservé à la flore marine; ceci plaira aux botanistes, mais non aux zoologistes qui les considèrent comme des animaux. Les arguments émis de part et d'autre ont la même valeur, c'est dire que l'étude de ce groupe le relègue à l'extrême frontière du règne animal, tandis que d'autres particularités en feraient une plante. Comme les deux opinions en cours paraissent irréductibles, il en résulte que les Péridiniens sont doublement étudiés par deux catégories de savants qui les considèrent jalousement comme de leur domaine. Il n'y a aucun mal à cela... au contraire!

BACTÉRIOLOGIE

Je terminerai cet exposé des recherches biologiques par quelques mots sur les microbes de la mer.

On a imaginé, à bord de la *Princesse Alice*, un dispositif permettant de recueillir des échantillons d'eau à toutes les profondeurs au moyen d'un mécanisme à renversement, et cela dans des conditions d'aseptie parfaite. Il a fallu en outre choisir un bouillon de culture destiné au développement des bactéries qui pourraient se trouver dans l'eau de mer. Après quelques tâtonnements, on en a adopté un préparé à l'autoclave avec des crevettes. Le résumé des expériences faites est le suivant :

Dans beaucoup de cas, on n'a pas trouvé de microbes ; dans certains autres, il y a eu des colonies qui ont pu être cultivées, et ceci s'est produit *aussi bien pour de l'eau prise près de la surface que pour celle provenant des plus grands fonds*. Ces observations prouvent déjà, d'une façon absolue, que l'eau de mer est susceptible de renfermer des microbes à quelque profondeur qu'on la prélève. Mais quels sont-ils ? Sont-ce des égarés de la surface ? Sont-ce des infiniment petits spéciaux au milieu ?

A vrai dire, le voisinage des côtes influe sur le nombre et la qualité des microbes trouvés. Les huîtres, par exemple, sont susceptibles de communiquer la fièvre typhoïde lorsque les parcs ne sont pas situés à une distance suffisante des eaux polluées par les égouts des villes.

Mais, ces agents pathogènes ne se rencontrent plus guère à quelques kilomètres au large et on a découvert des microbes exclusivement marins.

Parmi les espèces les plus curieuses, il y a des bactéries lumineuses qui se cultivent facilement dans une préparation convenable et qui pendant des mois conservent le pouvoir d'émettre de la lumière. C'est à ce point que le professeur R. Dubois a pu utiliser ses préparations pour éclairer une des salles du laboratoire de Tamaris.

Divers autres microbes spéciaux ont été trouvés dans des milieux très différents (aussi bien dans les eaux chaudes que dans l'Antarctique), mais souvent les tentatives d'ensemencement n'ont donné que des résultats négatifs.

Peut-on en conclure que les échantillons d'eau prélevés étaient stériles?

Ce serait imprudent, car il est possible que le bouillon employé n'ait pas été celui qui convenait aux espèces qu'on aurait voulu cultiver. D'autre part, lorsqu'il s'agit d'eau ramenée d'un grand fond, on l'étudie au laboratoire dans des conditions de température et de pression qui sont bien différentes de celles qui existent dans le milieu où la prise a été effectuée, et ceci peut entraver le développement des colonies.

Il reste certes beaucoup à faire au point de vue de la bactériologie et cette question mérite d'être approfondie.

UTILISATION DES MATÉRIAUX RECUEILLIS

Le travail à bord. — Lors des premières expéditions océanographiques, on s'était efforcé de réunir sur des bâtiments aménagés à grands frais, tout un personnel scientifique chargé de s'occuper de nombreux travaux, mais on se rendit vite compte de la vérité d'un axiome connu des marins et qui peut se formuler ainsi : « Tout ce qui paraît simple lorsqu'on est à terre ne l'est plus du tout lorsqu'on est à bord ! »

Le mal de mer est déjà un obstacle sérieux pour beaucoup de savants; en admettant même que certains en soient exempts, le roulis n'est-il pas là pour les empêcher d'observer au microscope d'une façon suivie ou de se livrer à la dissection d'organismes délicats? Heureusement il n'y a généralement pas urgence en la demeure, et mieux vaut se contenter de mettre les espèces recueillies dans un liquide conservateur, afin de les étudier posément plus tard. On évite ainsi le risque de les abîmer en leur faisant subir un examen immédiat qui serait probablement trop superficiel.

Seuls, les chercheurs désirant résoudre des questions déterminées (et plus particulièrement les biologistes) peuvent avoir un intérêt spécial à posséder certaines captures aussitôt pêchées; les autres travailleront avec beaucoup plus de fruit, quelques mois après, dans leur laboratoire à terre. Cependant, il faut qu'il y ait à bord un zoologiste à compétence étendue qui sache reconnaître rapidement, par expérience personnelle et au besoin avec le concours d'une bibliothèque bien garnie, à quelle espèce appartient tel ou tel sujet capturé. Le produit des pêches sera par ses soins classé provisoirement et placé dans des récipients *ad hoc*, portant un numéro d'ordre qui sera celui de l'opération effectuée ce jour-là. Ce numéro correspondra lui-même à celui d'un carnet donnant les indications utiles sur la profondeur, le lieu, etc.

Lorsqu'un engin rentre à bord, on procède à un triage rapide des espèces. Le zoologiste reconnaît celles qui lui paraissent rares, peut-être même nouvelles et sur lesquelles des documents précis n'existent pas encore. Il les met de côté et fait appel au concours d'un camarade pour

Fig. 109. Essai d'élevage de renards bleus capturés au Spitzberg.

prendre le plus rapidement possible des notes de couleurs de certains animaux qui les perdront par la suite.

Jusqu'à ces derniers temps, cette besogne était exclusivement du domaine d'un aquarelliste habile auquel on demandait autant de talent que de rapidité d'exécution et qui arrivait difficilement, dans certains cas, à pouvoir tout faire. Nous avons heureusement un nouvel auxiliaire mécanique depuis la précieuse invention de la photographie des couleurs. L'artiste est donc plus spécialement chargé de dessiner et de peindre les petites pièces ou certains détails qui paraissent difficiles à photographier; tandis que des animaux plus grands (dont l'exécution à la main prendrait un temps considérable) sont au contraire d'excellents sujets pour l'objectif.

Photographie des animaux. — La reproduction exacte des animaux par le procédé *autochrome* est beaucoup plus difficile qu'on ne le croirait à priori, à cause des teintes fausses que peuvent leur donner les reflets environnants. Sous un ciel bleu, un poisson prend des aspects bleutés; sous une tente, on l'obtient trop jaune; près d'une boiserie, il paraît marron, etc. Il faut donc se soustraire à toutes ces ambiances et voici la façon de procéder à laquelle je me suis arrêté :

L'appareil est vissé sur une glissière verticale en bois, soutenue elle-même par un pied massif, afin d'éviter les vibrations et l'influence du vent. L'instrument est dirigé vers le bas et les animaux à photographier sont placés sur la planchette de fond d'une sorte de boîte dont les autres côtés sont en tissu de coton blanc ou en verre dépoli. L'ouverture pratiquée dans la face supérieure est garnie d'un manchon qui monte jusqu'à l'objectif, de sorte qu'aucun reflet extérieur n'est à craindre. Ce mode opératoire m'a fourni d'excellents clichés; il convient à tous les cas où l'on peut travailler de jour et par un temps assez calme pour poser les quelques minutes souvent nécessaires (fig. 111).

Quand les filets rentrent à bord la nuit, il faut recourir aux poudres à base de magnésium[1] dont l'emploi présente en outre l'avantage de permettre les instantanés. Pour cette dernière raison la lumière artificielle s'impose même de jour lorsque les animaux ne sont pas immobiles ou quand on est obligé de les reproduire dans l'eau afin de n'altérer ni leurs formes ni leurs couleurs. On emploie pour ce dernier genre de travaux une cuve à faces parallèles, hermétiquement fermée et munie d'un entonnoir coudé, au moyen duquel on peut la remplir complètement sans qu'il y reste aucune bulle d'air.

Deux tiges verticales, situées à droite et à gauche de la chambre noire, supportent des curseurs terminés en anneaux, que l'on place toujours un peu

1. Ces poudres exigent qu'on se serve d'écrans spéciaux placés devant ou derrière l'objectif et dont le rôle est d'empêcher que les couleurs ne soient faussées par la nature de la poudre dont on se sert.

plus haut que l'objectif. Ces anneaux sont destinés à recevoir des récipients en papier mince rappelant ceux dont les confiseurs se servent pour les petits fours; on les remplit de poudre éclair et l'inflammation simultanée des deux foyers est obtenue électriquement. La combustion du godet de papier ayant lieu en même temps que celle des charges, il en résulte que la lumière ne rencontre aucun obstacle pour éclairer la région située au-

Fig. 110. — Autopsie d'un squale de grand fond. Le Dr Richard sort le foie de l'animal.

dessous des points d'ignition. Quant à l'observation sur le verre dépoli, elle se fait au préalable en s'aidant d'une lampe dite « baladeuse » ordinaire.

Ce dispositif très simple n'a été réalisé qu'après de nombreux essais; si je l'ai décrit avec quelques détails, c'est à cause des grands services qu'il me paraît susceptible de rendre (fig. 112).

Certains explorateurs peuvent être dans des conditions telles que la prise des notes de couleurs ne soit pas possible à entreprendre par les procédés que je viens de mentionner. Le mieux qu'on puisse faire dans ce cas est de recourir à la photographie courante *en noir*, mais on se sera

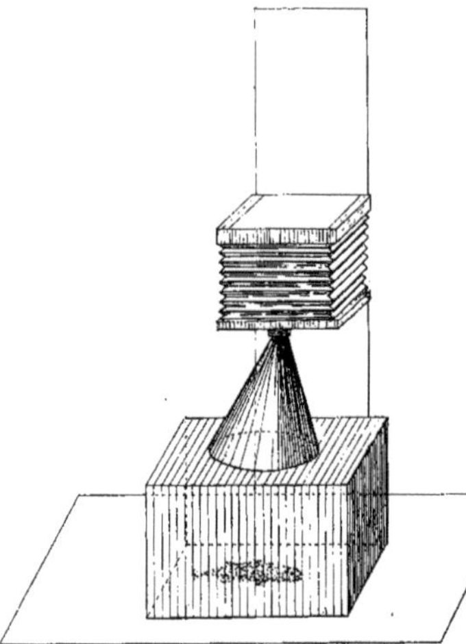
Fig. 111. — Dispositif employé pour la photographie en couleurs, à la lumière du jour.

muni d'avance d'une gamme de teintes très complète dont chacune porte un numéro[1]. Sur l'épreuve rapidement tirée, l'opérateur inscrira en autant de parties du corps de l'animal qu'il sera nécessaire, une série de numéros correspondant à l'échelle et qui permettront ainsi de noter les diverses couleurs de l'original. Cette façon de faire, simple et rapide, donnera pour plus tard les éléments d'une aquarelle très suffisamment précise.

La photographie ordinaire est maintenant si répandue qu'il semble que l'on ait peu de choses à dire à ce sujet. J'insisterai cependant sur ce que les conditions opératoires à bord sont bien différentes de celles qu'on trouve à terre; le temps manque souvent aussi pour traiter les clichés comme on le ferait si on n'avait pas d'autres occupations.

Ces considérations m'ont amené à adopter d'une façon exclusive le développement lent. Je me sers d'une petite urne en métal nickelé contenant un panier à rainure pour 12 plaques que l'on y glisse dans l'obscurité. Le récipient dont le couvercle est absolument étanche peut être transporté n'importe où après avoir été rempli, et comme le temps nécessaire à l'opération est exactement d'une heure, on peut travailler à tout autre chose pendant que les cli-

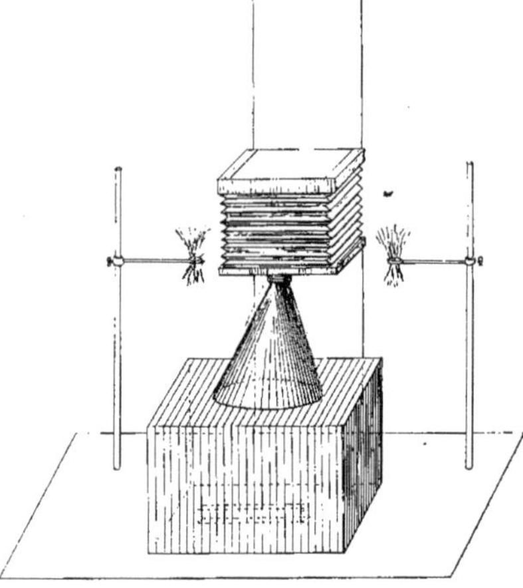
Fig. 112. — Dispositif employé pour la photographie en couleurs, à la lumière artificielle.

1. Ces gammes se trouvent dans les catalogues de certaines maisons de soieries.

chés se révèlent. Il suffit, par intervalles, de donner quelques petites secousses à la cuve ou de la retourner pour brasser le liquide. Le fixage se fait après un rinçage sommaire dans la même cuve où l'on verse l'hyposulfite.

Le manque d'eau courante à bord est une difficulté pour le lavage des clichés; on y obvie en les immergeant dans leur panier suspendu à la partie

Fig. 113. — Laboratoire de la *Princesse Alice*. (De droite à gauche, le Dr Richard, le Dr Portier, M. Tinayre.)

supérieure d'un bac plein d'eau. L'hyposulfite dissous tombe, en raison de sa densité, à la partie inférieure du liquide, et en changeant l'eau deux ou trois fois on aura obtenu un lavage suffisant pour permettre d'attendre plusieurs mois.

Le séchage rapide des clichés à l'alcool est recommandé, surtout dans les climats humides où des colonies végétales et animales détruisent la gélatine si la dessication est trop longue.

Enfin, je recommande particulièrement l'emploi exclusif de certaines plaques anti-halo dont la couche teintée s'élimine d'elle-même dans un fixage acide sans manipulations supplémentaires et qui fournissent toujours les meilleurs résultats.

Ces procédés automatiques donnent des clichés parfaits au photographe expérimenté qui connaît bien ses temps de pose; il est plus précieux encore pour le débutant auquel il donne une *moyenne* de bons négatifs plus élevée *que par tout autre système.*

Cette méthode ne peut s'appliquer dans les pays très chauds que si l'on

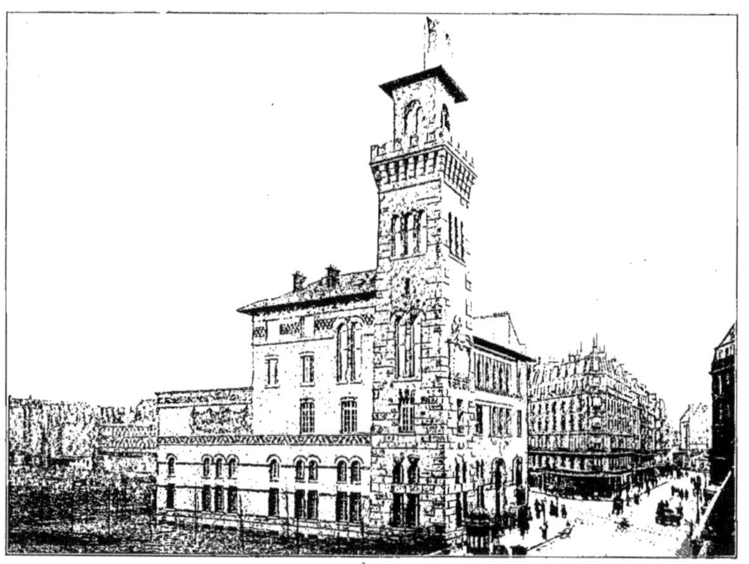

Fig. 114. — L'Institut Océanographique de Paris. (Fondation Albert Ier.)

possède les moyens d'avoir de l'eau fraiche. Dans les climats froids au contraire, il faut placer la cuve dans un endroit tempéré du bord.

Les laboratoires. — Comme on l'a vu précédemment, il faut être outillé pour procéder à l'autopsie de certaines pièces, rechercher les parasites, trier le plankton, faire des recherches bactériologiques, etc. Un local aménagé en laboratoire s'impose par conséquent et, sous ce rapport, les installations faites à bord des yachts du Prince de Monaco ne laissent rien à désirer (fig. 113).

La conservation des pêches peut se faire au moyen de divers liquides, suivant leur nature. A bord de la *Princesse Alice* et de l'*Hirondelle*, nous n'employons, dans un but de simplification, que l'alcool et le formol. D'une façon générale, poissons et crustacés sont placés dans de l'alcool à 70 degrés et toutes les espèces gélatineuses (méduses, poulpes, etc.) sont

Fig. 115. — Salle des conférences de l'Institut. La peinture du fond, due à M. L. Tinayre, représente le harponnage d'un cétacé.

mises dans des récipients contenant de l'eau de mer additionnée de 4 % d'une solution de formol commercial ordinaire.

L'œuvre du Prince de Monaco. — Le grand mérite de l'œuvre du Prince Albert est d'avoir coordonné méthodiquement le résultat de ses travaux depuis vingt-cinq ans. Au retour de chaque campagne, ses précieuses récoltes, soigneusement classées, sont envoyées à plus de quarante collaborateurs, savants éminents de tous pays, qui les étudient à fond. Ils envoient ensuite leur littérature et leurs planches au directeur de son cabinet scientifique qui se charge de les faire éditer, sous la surveillance effective du Prince Albert. L'imposante bibliothèque ainsi constituée vient compléter de façon parfaite les magnifiques collections exposées au Musée Océanographique de Monaco et ces ouvrages ont apporté une inestimable contribution à une science nouvelle, devenue ainsi assez riche en documents pour pouvoir justifier l'érection d'un Institut à Paris, où elle est maintenant enseignée.

EXPÉDITIONS OCÉANOGRAPHIQUES

Les pages que je viens d'écrire résument les occupations journalières auxquelles on se livre, chaque année, à bord du yacht du Prince Albert Ier. Tous ces travaux exigent évidemment un matériel puissant et un personnel entraîné, mais je ne voudrais pas laisser le lecteur sous l'impression que pour faire œuvre utile, il est indispensable de posséder un magnifique bâtiment muni de tous les perfectionnements imaginables; je dirai même qu'en beaucoup de cas, des explorateurs polaires se sont encombrés d'appareils trop nombreux et trop compliqués à manier, dont ils ont tiré un moins bon parti que s'ils avaient eu à leur disposition des outils plus simples.

En principe, il ne faut pas surcharger outre mesure son programme, surtout si l'on ne dispose pas d'un grand navire et si l'Océanographie n'est pas le but unique du voyage. On s'inspirera de cette idée que les opérations futures devront être faciles à exécuter, ce qui exigera l'emploi d'engins aussi peu encombrants et aussi peu nombreux que possible. Le matériel dont on peut se contenter est le suivant :

Une petite machine à sonder; — Quelques sondeurs appropriés à la machine; — Bouteilles Richard pour prise d'eau et de température, avec leurs thermomètres; — Quelques petits filets fins de Richard pour plankton; — Deux carcasses de filet vertical Richard et trois poches de rechange; — Deux filets Bourée (sans volets), employant la carcasse du filet précédent; — Deux ou trois dragues (chaluts à étriers); — hameçons pour palancre (à faire avec le filet vertical); bocaux, récipients divers, formol, alcool. Enfin, deux ou trois nasses démontables de petite taille, s'il reste encore de la place pour les loger.

La machine à sonder sera d'un petit modèle; le filet vertical n'aura qu'une ouverture de 1 m. 50 à 2 mètres de côté ainsi que le filet Bourée; a drague pourra n'avoir que 1 mètre d'écart entre les étriers.

Tous ces appareils sont faciles à emmagasiner dans un espace restreint; leurs dimensions les rendent manœuvrables à la main, dans les cas où l'on doit faire des économies de charbon et se passer du secours des treuils. Avec un aussi mince bagage, on peut être assuré, en opérant dans des régions peu explorées, de rapporter des pièces du plus grand intérêt qu'on se sera procuré sans grande difficulté.

Souvent des yachtsmen expriment le désir de faire quelques recherches océanographiques; mais, comme ce n'est pour la plupart d'entre eux qu'un passe-temps, ils reculent devant la complexité de l'entreprise dès qu'ils ont un peu approfondi la question. Certes, ils s'exagèrent de beaucoup les choses, car une bonne partie des engins déjà décrits trouverait facilement place sur plus d'un navire de plaisance, dont les riches propriétaires pourraient, en embarquant un jeune savant à leur bord, devenir à peu de frais d'importants pourvoyeurs de la Science.

Le Musée de Monaco n'existe-t-il pas maintenant? Dès lors, il n'y a qu'à envoyer les trouvailles faites à son directeur qui peut dire, en s'inspirant d'une formule connue employée par une grande société commerciale : « Capturez, nous nous chargeons du reste! »

Je me hâte d'ajouter qu'un amateur à ses débuts n'a pas besoin de se décourager par avance si le matériel indiqué plus haut lui paraît constituer un arsenal trop compliqué. Lorsqu'on a vraiment l'intention de faire de son mieux, il suffit de quelques appareils seulement, et l'on pourra être certain que le résultat obtenu sera toujours de beaucoup supérieur à l'effort dépensé. Ne s'agirait-il que de laisser à la traîne pendant une demi-heure chaque jour le petit filet à plankton de Richard, que le service rendu à la science serait déjà très appréciable! Il suffirait d'assurer la conservation des récoltes et de noter la date et le lieu de pêche sur chacun des récipients employés à cet effet.

Veut-on faire plus? Il faut alors se munir d'une petite carcasse de filet vertical, avec sa poche en toile d'emballage, et d'un filet Bourée

(Photo. Marius Bar, Toulon.)

Fig. 116. — *L'Hirondelle*, yacht à 2 hélices de 1.620 tonneaux spécialement construit pour S. A. S. le Prince de Monaco. (Le Prince a baptisé ce puissant bâtiment du nom qu'il avait donné à la petite goélette avec laquelle il a commencé ses travaux d'Océanographie il y a vingt-cinq ans.)

empruntant la même armature. Si l'on dispose d'un treuil ordinaire et d'une ligne assez longue, on peut faire des opérations du plus haut intérêt, sans même avoir besoin de sonder au préalable puisqu'il n'y a qu'à consulter la carte bathymétrique des océans.

Veut-on faire plus encore?... Mais alors, c'est l'exécution du programme complet!... Et je ne doute pas que ceux qui auront parcouru les premières étapes de l'Océanographie ne franchissent aussi les dernières. Le principal est de commencer et de se rendre compte que tout en se promenant pour son plaisir, on peut facilement faire œuvre scientifique. On y prend goût peu à peu et on trouve une joie toujours croissante à travailler davantage. L'étude de la mer vaut des satisfactions très diverses à ceux qui s'y adonnent, car il y en a pour toutes les aptitudes : les uns y trouveront un véritable plaisir sportif qui s'ajoutera aux charmes d'une croisière d'agrément; les autres goûteront dans leurs laboratoires la joie infinie de découvrir les secrets de la nature.

Puisse ce livre contribuer dans une certaine mesure à faire pénétrer cette idée dans les milieux où l'on a jusqu'ici aimé la mer sans chercher à la connaître, et la tâche de vulgarisation que je me suis imposée n'aura pas été inutile.

TABLE DES MATIÈRES

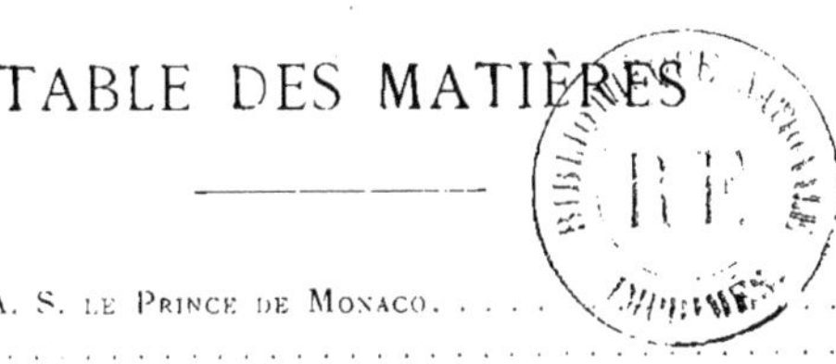

PREMIÈRE PARTIE. — L'OCÉANOGRAPHIE PHYSIQUE

DEUXIÈME PARTIE. — L'OCÉANOGRAPHIE BIOLOGIQUE

TABLE DES ILLUSTRATIONS

TYPOGRAPHIE FIRMIN-DIDOT ET Cie. — MESNIL (EURE).

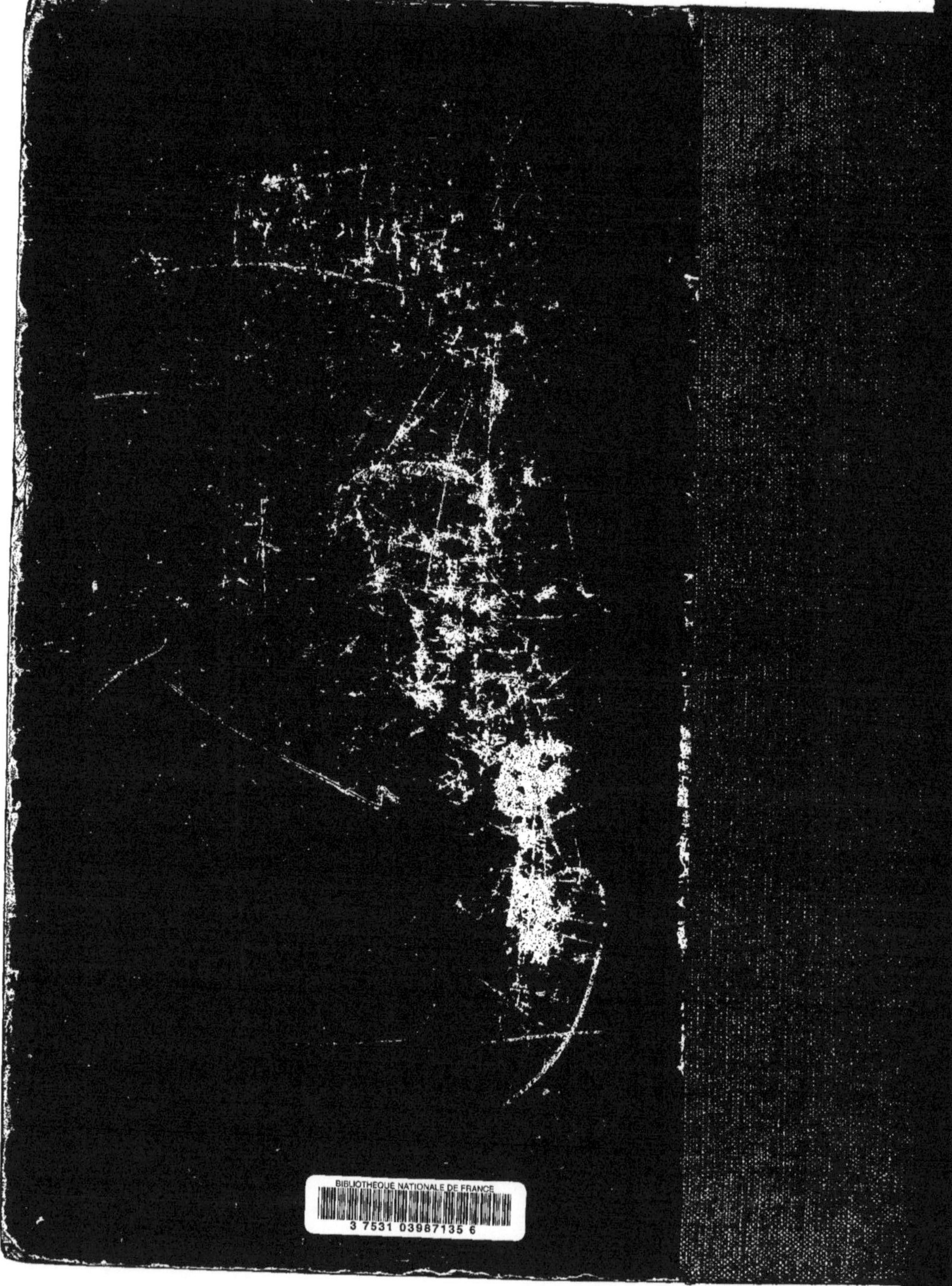
BIBLIOTHÈQUE NATIONALE DE FRANCE
3 7531 03987135 6